"十三五"国家重点出版物出版规划项目

名校名家基础学科系列

Textbooks of Base Disciplines from Top Universities and Experts

U0220322

材料力学
基本实验与指导

主　编　高芳清　刘　娟
参　编　罗会亮　储节磊　范晨光
　　　　熊　莉　邢建新
主　审　沈火明

机械工业出版社

本书根据高等学校材料力学实验课程教学基本要求，并结合西南交通大学国家级力学实验教学示范中心多年来面向全校工科专业开设本课程的教学实践经验，在原自编且已试用多年的讲义基础上编写而成。全书包括绪论，测量误差与数据处理，主要仪器设备及原理，以及基础型、综合型和创新型三大类实验项目等六部分内容。本书的主要特色有：（1）内容不仅有基础型实验，还涉及实验中心的个性化创新型实验，以及像特有的基于 STR 剪力、弯矩测试实验台开展的内力要素测定的综合型实验；（2）对广泛开展的实验项目的实验设备和实验操作配有视频资源介绍，使内容更加直观易懂，易于学生掌握；（3）介绍了基于自主开发的"智能型实验报告批改系统"。

本书可作为高等院校土木、电气、测控、材料、环境等工科专业的材料力学实验课程教材或教学参考书，也可供广大科技工作者和高等院校师生参考。

图书在版编目（CIP）数据

材料力学基本实验与指导/高芳清，刘娟主编. —北京：机械工业出版社，2020.12（2025.1 重印）

"十三五"国家重点出版物出版规划项目　名校名家基础学科系列

ISBN 978-7-111-66281-5

Ⅰ.①材…　Ⅱ.①高…②刘…　Ⅲ.①材料力学–实验–高等学校–教材　Ⅳ.①TB301-33

中国版本图书馆 CIP 数据核字（2020）第 143184 号

机械工业出版社（北京市百万庄大街 22 号　邮政编码 100037）
策划编辑：张金奎　责任编辑：张金奎
责任校对：张　征　封面设计：鞠　杨
责任印制：单爱军
北京虎彩文化传播有限公司印刷
2025 年 1 月第 1 版第 4 次印刷
184mm×260mm · 8 印张 · 193 千字
标准书号：ISBN 978-7-111-66281-5
定价：25.00 元

电话服务　　　　　　　　　网络服务
客服电话：010-88361066　　机 工 官 网：www.cmpbook.com
　　　　　010-88379833　　机 工 官 博：weibo.com/cmp1952
　　　　　010-68326294　　金 书 网：www.golden-book.com
封底无防伪标均为盗版　机工教育服务网：www.cmpedu.com

前 言

党的二十大报告强调，教育、科技、人才是全面建设社会主义现代化国家的基础性、战略性支撑，必须坚持科技是第一生产力、人才是第一资源、创新是第一动力。因此，夯实基础、驱动创新是高等教育高质量发展的必然路径。材料力学是高校各相关工科专业的重要专业基础课，材料力学基本实验教学作为材料力学教学的重要组成部分，既能够让学生巩固基础理论，学到力学实验的基础知识，培养其基本操作技能，又能够为学生迈向工程实践和从事科研奠定基础，因而材料力学实验教学在培养学生分析问题能力和创新能力中有着不可或缺的作用，其在人才培养中的地位不容忽视，故开展综合体现基础性和创新性人才培养的教材建设是强化材料力学实验教学的重要保障。

《高等学校理工科非力学专业力学基础课程教学基本要求》中对材料力学课程的实验教学给出了指导性意见，除了要求合理开设材料的拉、压、弯、扭等较为典型的力学性能实验外，还提倡结合各校实验条件的实际情况，开设综合型、设计型、创新型等拓展性实验教学项目。事实上，通过近10余年的课程建设（包括实验教学条件建设），各高校对基础型实验（含材料的拉、压、弯、扭等力学性能）的开展已形成共识，实验项目开设逐步完善，且实验内容的通用性、统一性、共享性较强。但对综合型、设计型、创新型等实验的开展差异性很大。其一，力学课程学时的普遍性缩减限制了拓展性实验教学的有效落实；其二，实验项目的设计、内容的规划各不相同，各具特异性；另外，各高校专业人才培养的侧重、实验设备、实验教学条件、实验队伍等存在明显的差异性。这些现状为较为通用和实用的实验教材编写带来了现实的难度，诸多实验教材或实验指导书在编写上因不得不考虑内容的全面性，导致在教学中师生实际应用的内容占比不高，教材内容的冗余性较大。因此，开展材料力学实验教材建设是实验课程建设的重要基础。

本书结合我校工科专业力学基础课程开设的实际情况，经过多年的教学实践，其编写着重考虑实验教学开展的通用性、实用性。内容力求体现三个方面的特点：（1）以材料和结构的力学性能实验为主线，保持大部分实验内容的传统性、经典性特征，不仅本校的材料力学、工程力学、建筑力学等课程的实验教学可一致使用，其他高校材料力学课程的实验教学也易于采用，最大范围地体现教学的通用性；（2）所有实验项目围绕内力、变形、应力、应变、应变测试技术等基本要素展开，以基本内容和技能的掌握与运用为特征，最大限度地突出教学的实用性；（3）基于基本实验内容进行实验类别设计，分为基础型、综合型、创新型三类实验项目，其中综合型、创新型等拓展性实验注重基本理论和实验技能的合理应用，可为该类实验项目设计提供一定的借鉴与参考。

全书在介绍第一章材料力学实验基本知识与要求、第二章测量误差与数据处理、第三章主要仪器设备等内容基础上，共编撰了17项基本实验内容，其中基础型实验8项、综合型实验6项、创新型实验3项，分别作为第四、五、六章的内容。最后编制了10个必要的实验报告和相关附录材料。上述内容均为我校基础力学实验教学中的实际使用资源，师生使用率高。为更好地配合实验教学的开展，本书还录制配备了 16 个相关的视频教学资源。

另外，本书在第一章绪论中专门介绍了西南交通大学国家级力学实验教学示范中心自主研发的"智能型网络化材料力学实验教学管理系统"，该系统对包括实验预约、实验预习与安全考核、实验签到、实验报告自动批改、成绩总评、师生交互讨论等环节实现了全过程监控和管理。目前该系统已良好运行 12 学年，可为现代实验教学的组织和管理提供借鉴。

本书由高芳清、刘娟主编，罗会亮、储节磊、范晨光、熊莉、邢建新参编，沈火明审核。本书在策划和编写中，参阅了诸多工科院校编写的相关实验教材，同时得到了西南交通大学国家级力学实验教学示范中心诸多老师的支持和帮助，在此向他们表示衷心感谢。

限于编者水平，书中难免存在不足和不妥之处，敬请广大读者批评指正。

西南交通大学力学与工程学院
国家级力学实验教学示范中心

目　录

第 1 章 绪 论

1.1 材料力学实验重要性

实验是科学理论的源泉、工程技术的基础。近代科学实验奠基人伽利略曾用实验方法探索了材料的强度，研究了拉伸压缩和弯曲等现象，并验证了其提出的"几何相似结构物，尺寸越大越软"的思想。胡克定律也是罗伯特·胡克通过弹簧拉压实验建立的理论。力学实验是材料力学的有机组成部分。材料力学从理论上研究工程结构构件的应力分析和计算，并对构件的强度、刚度和稳定性进行设计或可靠性校核；材料力学实验则从实验角度为材料力学理论和应用提供实践支持。因此，材料力学实验是材料力学课程的重要组成部分，材料力学实验技术、方法的学习和能力的培养对工程技术人员的实际工作能力和科学精神培养具有重要实际意义。

材料力学实验适应了材料力学课程教学和发展的需要，它不仅是具有自身特色的实验教学环节，同时引入了近代材料力学实验手段，既能提高学生的动手能力，又为学生迈向工程实践奠定了基础。材料力学实验依据内容设计可分为基础型实验、综合型实验和创新型实验。基础型实验能让学生掌握测定材料力学性质实验的基本知识和验证材料力学理论的基本方法；综合型和创新型实验在内容上有不同侧重的高阶性、阶梯形设计，可提升学生的知识综合运用能力、分析与解决问题能力，培养其严谨求实的科学态度。总之，材料力学实验对学生基础知识理论和基本实验技能的掌握、创新思维的启示起着至关重要的作用。首先，与理论教学相比，实验教学具有生动、直观的特点，实验现象与理论的微妙契合，会激起学生对科学世界的向往，使其对理论课外的新鲜事物保持敏锐的感知能力，从而培养其创新精神。其次，实验教学能够通过实验方案的合理制定和对实验数据的严格分析要求等素质训练，树立学生严谨的学风和实事求是的科研态度，塑造学生的创新人格。最后，实验教学能够通过实验对学生进行科学实验方法和基本技能训练，指导学生掌握本专业常用科学仪器的基本原理和操作技术，提高学生的实践能力以及分析问题和解决问题的能力，培养其创新能力。

1.2 材料力学实验内容

材料力学实验研究是材料力学研究、解决实际问题的重要方法和手段，故材料力学实验一般分为以下四类。

1. 测定材料力学性能实验

材料力学性能是指在荷载作用下，材料在变形、强度等方面表现出的一些特征，如弹性极限、屈服极限等。为建立强度、刚度和稳定性条件，必须了解材料的力学性能特性，而这些特性只能通过相应实验（拉伸、压缩、弯曲、扭转、冲击、疲劳等实验）来测定。此外，材料的力学性能测定不仅是检验和评定加工工艺（热处理、焊接等）的重要手段，也是研究新型材料性能的重要任务。

2. 验证理论性实验

材料力学中的一些公式都是在简化和假设（平面假设，材料的均匀性、连续性、各向同性假设，小变形假设等）的基础上推导出来的，故必须用实验来验证这些理论的正确性及适用范围，同时也有助于加深对理论的认识和理解。此外，对于一些近似解答的精确度也必须经过实验验证才能确定其在工程实际中的应用范围。

3. 应力分析实验

由于工程实际中构件形状的复杂性，其受力情况往往无法用材料力学理论公式进行计算，即便借助现已高速发展且比较成熟的数值计算，如有限元方法，其计算结果的精确性和可靠性也有赖于实验应力分析的验证。实验应力分析是在实际构件或模型上直接测取承载时的应力和变形，并分析其应力分布规律和承受能力，主要方法有电测法和光测法。

4. 综合型和创新型实验

与基础型实验不同，综合型和创新型实验更注重对学生的能力培养。综合型实验侧重材料力学理论在实验中的综合应用，创新型实验则侧重科学探索的一般过程，锻炼学生"基于假说，有效利用实验技术和实验方法验证理论模型，进而修正假说完善理论模型"的能力。

1.3 材料力学实验要求

在常温静载（从零缓慢地增加到标定值的荷载）条件下，材料力学实验主要是测量作用在试样上的力和变形。材料力学实验中，一般加载设备较大，因为荷载要求较大，从几千牛到几百千牛；而变形却很小，绝对变形可以小到 $0.001mm$，相对变形可以小到 $10^{-6} \sim 10^{-5}$，因而变形测量设备必须精密。为了保证实验的有效进行，实验人员一般要进行分组，由组长统一指挥，组员分工配合，对力和变形进行同时测量。为提高配合与协作，保证实验成功率，实验前、实验中、实验后均有相应的准备工作需要注意。

1.3.1 实验前的准备

实验前要在网上实验管理系统进行实验预约，认真预习并完成预习报告，明确实验目的、实验原理和实验步骤；初步了解所用实验仪器、设备和装置的工作原理、使用方法和注意事项；做好小组分工，保证实验时从实验准备、试验机操作、实验测量到数据记录能够分工明确、协调配合、有效进行。

1.3.2 实验中的注意事项

开始实验前要先对试验机进行对准校零，检查所用装置是否准备齐全，待检查无误后方可开动机器，严格遵循实验步骤，按照事先的小组分工有序开展实验，并注意以下事项：

1）按预约实验时间准时进入实验室，不得无故迟到、早退、缺席。

2）进入实验室后，不得高声喧哗和擅自乱动仪器设备。

3）进入实验室后，每位学生须在计算机网络上签到，否则不能在网络系统上完成实验报告，也无该实验成绩。

4）保持实验室整洁，不在机器、仪器及桌上涂鸦，不乱丢纸屑，不随地吐痰，不在实验室内吃零食。

5）实验中，遵守操作规程和注意事项；仪器设备表现异常或发生故障时，应立即停止操作，并报请指导教师处置。

6）不按仪器操作规程操作损坏仪器设备者，将按学校《损坏仪器赔偿》规定处理。

7）实验过程中，实验小组各同学要相互配合，认真测取和记录实验数据，观察实验现象。

8）实验结束后，将仪器、工具清理摆正；不得将实验室的工具、仪器、材料等物品携带出实验室。

9）实验完毕，实验数据需经指导教师认可盖章后方能离开实验室。

1.3.3 实验报告

实验报告应按要求规范书写，要明确实验目的、要求、内容和原理，完整书写实验步骤，并对数据处理后进行一定的分析和讨论。由于材料力学实验实行网络系统管理，故实验报告由学生在网上填写并提交，经由"智能型实验报告批改系统"评阅，并给出实验成绩。

1.4 实验管理系统简介

"智能型网络化材料力学实验教学管理系统"西南交通大学国家级力学实验教学示范中心自主研发的一套基于互联网的智能型、开放式和多层次的实验管理平台，该系统能够实现在线的实验管理、实验预约、实验报告自动批改等功能。其中实验管理可以由任课教师自主设计实验项目和实验报告，然后发布实验供学生集体或者个人预约，实验结束后完成实验签到，只有完成网络签到的学生其实验成绩才最终有效；实验预约分集体预约和个人预约，一般每学期由每个班的班长集体预约全班的实验时间，每个学生通过登录自己的作业系统可以查看实验时间；实验报告自动批改是最核心的部分，学生完成了实物实验后，自行在网上提交最终的实验报告，由实验平台自动完成批改，学生可以实时看到自己的实验成绩。

实验预约操作步骤：

1）从 http://lxsyzx.swjtu.edu.cn/homework 地址下载学生系统并安装，见图1-1。

图 1-1

2）登录学生系统（初始帐号为学生的学号，初始密码：123），见图 1-2。

图　1-2

3）选择"功能模块"→实验预约→集体预约，见图 1-3。

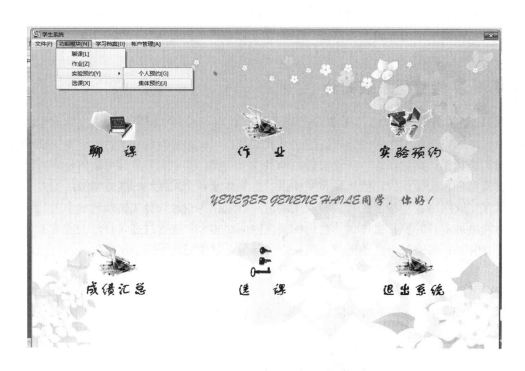

图　1-3

4）点击左下角"预约"按钮，然后在右边选择实验项目和实验，最后点击"确认"完成实验预约，见图 1-4。

实验报告提交的操作步骤见 http://lxsyzx. swjtu. edu. cn/homework 地址中的操作方法讲解视频。每个实验项目包括两个部分：预习报告和实验报告。提交报告的步骤：登录学生系统，选择"作业"按钮，如图 1-5 所示，在章次下拉框中选择实验项目的预习报告和实验报告进行网上提交。

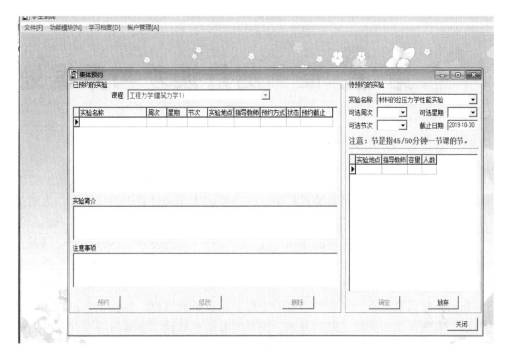

图 1-4

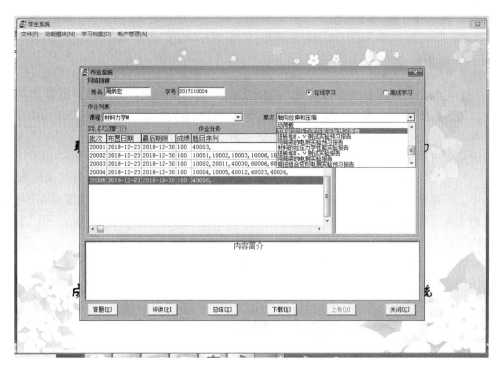

图 1-5

第2章 测量误差与数据处理

材料力学实验涉及力学参数的测量和必要的数据处理分析，同所有其他实验一样，实验数据测量和数据处理分析往往是实验过程中最为重要的工作。对数据测量而言，当对某物理量进行测量时，由于测量方法和测量设备的不完善、周围环境的影响和人们认识能力的限制等因素，被测量的真值和实验测量所得结果之间会存在一定的差异，这就是测量误差。随着测量技术以及数字处理技术的发展，可将误差控制在很小范围，但终究不能完全消除。

为了评定实验数据的精确性，认清误差的来源及其影响，往往需要对实验误差进行分析和讨论，判定哪些因素是影响实验精确度的主要方面，从而在以后实验中，进一步改进实验方案，缩小实验测量值和真值之间的差值，提高实验的精确性。本章将简要介绍误差的基本知识、误差的处理方法以及常用的数据处理分析方法。

2.1 误差的基本概念

2.1.1 误差的含义

测量值与真值之间的差异称为误差，力学实验离不开对物理量的测量，测量有直接的，也有间接的。由于仪器、实验条件、环境等因素的限制，测量不可能无限精确，物理量的测量值与客观存在的真值之间总会存在着一定的差异，这种差异就是测量误差。误差与错误不同，错误是可以避免的，而误差是不可能绝对避免的。

真值是待测物理量客观存在的确定值，也称理论值或定义值。通常真值是无法测得的。在实验中，当测量的次数无限多时，根据误差的分布定律，正负误差的出现概率相等。再经过细致地消除系统误差，将测量值加以平均，可以获得非常接近于真值的数值。但实际上实验测量的次数总是有限的，常用有限测量求得的算术平均值近似真值。设 x_1, x_2, $\cdots$, x_n 为各次测量值，n 代表测量次数，则算术平均值为

$$\bar{x} = \frac{x_1 + x_2 + \cdots + x_n}{n} = \frac{\sum\limits_{i=1}^{n} x_i}{n}$$

2.1.2 误差的分类

根据误差的性质和产生的原因，一般分为三类。

1. 系统误差

系统误差是指在测量和实验中未发觉或未确认的因素所引起的误差，而这些因素影响结

果永远朝一个方向偏移，其大小及符号在同一组实验测定中完全相同。实验条件一经确定，系统误差就获得一个客观上的恒定值；当改变实验条件时，就能发现系统误差的变化规律。

系统误差产生的原因有：测量仪器不良，如刻度不准、仪表零点未校正或标准表本身存在偏差等；周围环境的改变，如温度、压力、湿度等偏离校准值；实验人员的习惯和偏向，如读数偏高或偏低等引起的误差。针对仪器的缺点、外界条件变化影响的大小、个人的偏向，待分别加以校正后，系统误差是可以清除的。

2. 偶然误差

在已消除系统误差的一切量值的观测中，所测数据仍在末一位或末两位数字上有差别，而且它们的绝对值时而大时而小，符号时正时负，没有确定的规律，这类误差称为偶然误差或随机误差。偶然误差产生的原因不明，因而无法控制和补偿。但是，倘若对某一量值做足够多次的等精度测量后，就会发现偶然误差完全服从统计规律，误差的大小或正负的出现完全由概率决定。因此，随着测量次数的增加，偶然误差的算术平均值趋近于零，所以多次测量结果的算数平均值将更接近于真值。

3. 过失误差

过失误差是一种显然与事实不符的误差，它往往是由于实验人员粗心大意、过度疲劳或操作不正确等原因引起的。此类误差无规则可寻，只要加强责任感、多方警惕、细心操作，过失误差是可以避免的。含过失误差的数据，称为坏值或异常值，必须剔除。

2.1.3　误差的表示方法

利用任何量具或仪器进行测量时，总存在误差，测量结果总不可能准确地等于被测量的真值，而只能是近似值。测量的质量高低以测量精确度作指标，根据测量误差的大小来估计测量的精确度。测量结果的误差越小，则认为测量就越精确。

（1）绝对误差　测量值 x 和真值 A_0 之差为绝对误差，通常称为误差，记为

$$D = x - A_0$$

由于真值 A_0 一般无法求得，因而上式只有理论意义。常用高一级标准仪器的示值作为实际值 A，以代替真值 A_0。由于高一级标准仪器也存在较小的误差，所以即使 A 不等于 A_0，但总比 x 更接近于 A_0。x 与 A 之差称为仪器的示值绝对误差，记为

$$d = x - A$$

（2）相对误差　衡量某一测量值的准确程度，一般用相对误差来表示。示值绝对误差 d 与被测量的实际值 A 的百分比值称为实际相对误差，记为

$$\delta_A = \frac{d}{A} \times 100\%$$

（3）引用误差　为了计算和划分仪表精确度等级，而提出了引用误差概念。其定义为仪表示值的绝对误差与量程范围之比。

$$\delta_A = \frac{示值绝对误差}{量程范围} \times 100\% = \frac{d}{X_n} \times 100\%$$

式中，d 为示值绝对误差；X_n 为标尺上限值－标尺下限值。

（4）算术平均误差　算术平均误差是各个测量点的误差的平均值：

$$\delta_{平} = \frac{\sum |d_i|}{n}, \quad i = 1, 2, \cdots, n$$

式中，n 为测量次数；d_i 为第 i 次测量的误差。

（5）标准误差　亦称为均方根误差。其定义为

$$\sigma = \sqrt{\frac{\sum d_i^2}{n}}$$

其中，$d_i = x_i - A$。上式适用于无限次测量的场合。实际测量工作中，测量次数是有限的，则改用如下贝塞尔公式：

$$\sigma = \sqrt{\frac{\sum \delta_i^2}{n-1}}$$

其中 $\delta_i = x_i - \bar{x}$，$\bar{x}$ 为测量量的算术平均值。标准误差不是一个具体的误差，σ 的大小只说明在一定条件下等精度测量集合所属的每一个观测值对其算术平均值的分散程度，如果 σ 的值越小则说明每一次测量值对其算术平均值分散度越小，测量的精度就高，反之精度就低。

2.1.4　精密度、准确度和精确度

反映测量结果与真值接近程度的量，称为精确度（亦称精度）。它与误差大小相对应，测量的精度越高，其测量误差就越小。"精度"应包括精密度和准确度两层含义。

1. 精密度

测量中所测得数值重现性的程度，称为精密度。它反映偶然误差的影响程度，精密度高就表示偶然误差小。

2. 准确度

测量值与真值的偏移程度，称为准确度。它反映系统误差的影响程度，准确度高就表示系统误差小。

3. 精确度（精度）

精确度反映了测量中所有系统误差和偶然误差综合的影响程度。

在一组测量中，精密度高的准确度不一定高，准确度高的精密度也不一定，但精确度高，则精密度和准确度都高。

为了说明精密度与准确度的区别，可用下述打靶的例子来说明，如图 2-1 所示。

图 2-1a 表示精密度和准确度都很好，则精确度高；图 2-1b 表示精密度很好，但准确度却不高；图 2-1c 表示精密度与准确度都不好。在实际测量中没有像靶心那样明确的真值，而是设法去测定这个未知的真值。

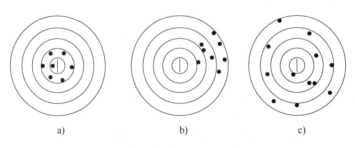

图 2-1　精密度和准确度的关系

学生在实验过程中，往往满足于实验数据的重现性，而忽略了数据测量值的准确程度。

绝对真值是不可知的，人们只能制订出一些国际标准作为测量仪表准确性的参考标准。随着人类认识的推移和发展，可以逐步逼近绝对真值。

2.2 误差处理

2.2.1 随机误差的处理

随机误差是在测量过程中，因存在许多独立的、微小的随机影响因素对测量造成干扰而引起的综合结果。这些微小的随机影响因素既有测量装置方面的因素，也有环境和人员方面的因素。由于人们对这些微小的随机影响因素很难把握，一般也无法进行控制，因而对随机误差不能用简单的修正值来校正，也不能用实验的方法来消除。

单个随机误差的出现具有随机性，即它的大小和符号都不可预知，但是，当重复测量次数足够多时，随机误差的出现遵循统计规律。由此可见，随机误差是随机变量，测量值也是随机变量，因此可借助概率论和数理统计的原理对随机误差进行处理，做出恰当的评价，并设法减小随机误差对测量结果的影响。

2.2.2 随机误差的统计特征和正态分布

1. 随机误差的统计特征

对同一个被测量进行多次等精度的重复测量时，可得到一系列不同的测量值，通常把进行多次测量得到的一组数据称为测量列。若测量列不包含系统误差和粗大误差，则该测量列及其随机误差具有一定的统计特征。

随机误差的概率密度函数定义为

$$f(\delta) = \lim_{n \to \infty} \frac{n_i}{n\Delta\delta} = \frac{1}{n}\frac{dn}{d\delta} \tag{2-1}$$

式中，n 为测量总次数；n_i 为误差在 $(\delta_i \pm \Delta\delta/2)$ 范围内出现的次数。

概率密度函数 $f(\delta)$ 对应的曲线称为概率密度分布曲线，如图 2-2 所示。其中

$$f(\delta)d\delta = \frac{dn}{n}$$

就是曲线下面的右阴影部分的面积，称之为概率元。概率元实质上就是随机误差出现在区间 $(\delta, \delta + d\delta)$ 的概率，可表示为

$$P\{\delta, \delta + d\delta\} = f(\delta)d\delta = \frac{dn}{n} \tag{2-2}$$

随机误差出现在区间 $(-\infty, \delta)$ 的概率，即曲线下面的左阴影部分的面积，可表示为

$$F(\delta) = P\{-\infty, \delta\} = \int_{-\infty}^{\delta} f(\delta)d\delta \tag{2-3}$$

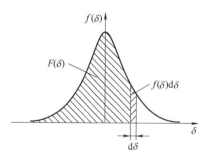

图 2-2 概率密度分布曲线

$F(\delta)$ 称为随机误差的分布函数。

随机误差的概率密度函数 $f(\delta)$ 与其分布函数 $F(\delta)$ 互为微积分关系，即

$$f(\delta) = \lim_{\Delta\delta\to 0}\frac{[F(\delta+\Delta\delta)-F(\delta)]}{\Delta\delta}=\frac{\mathrm{d}F(\delta)}{\mathrm{d}\delta} \tag{2-4}$$

若测量列不包含系统误差和粗大误差，则该测量列中的随机误差具有以下四个统计特征。

（1）对称性　随机误差可正可负，绝对值相等的正、负误差出现的概率相等，其概率密度分布曲线关于纵轴对称。

（2）单峰性　绝对值小的误差比绝对值大的误差出现的概率要大，误差越小出现的概率越大，其概率密度分布曲线在 $\delta=0$ 处有一峰值。

（3）有界性　若 $|\delta|\to\infty$，则误差出现的概率趋于零。可见在一定的测量条件下，误差的绝对值一般不会超过一定的界限。

（4）抵偿性　正误差和负误差可相互抵消，随着测量次数 $n\to\infty$，随机误差的代数和趋于零，即

$$\lim_{n\to\infty}\sum_{i=1}^{n}\delta_i = 0 \tag{2-5}$$

应该指出，随机误差的上述统计特征是在造成随机误差的随机影响因素很多，且测量次数足够多的情况下归纳出来的，但并不是所有的随机误差都具有上述特征。当造成随机误差的随机影响因素不多，或某种随机影响因素的影响特别显著时，随机误差可能不呈现上述特征。

2. 随机误差的正态分布

由以上四个统计特征出发，可导出随机误差的概率密度函数为

$$f(\delta)=\frac{1}{\sigma\sqrt{2\pi}}e^{-\frac{\delta^2}{2\sigma^2}} \tag{2-6}$$

式中，σ 为标准差，其意义在后面再做详细阐述。

概率密度函数 $f(\delta)$ 为式（2-6）的随机变量所服从的分布称为正态分布。绝大多数随机误差服从正态分布。

按正态分布概率密度函数所得的曲线称为正态分布曲线。随机误差的正态分布曲线如图 2-3 所示。

正态分布随机误差的分布函数为

$$F(\delta)=\frac{1}{\sigma\sqrt{2\pi}}\int_{-\infty}^{\delta}e^{-\frac{\delta^2}{2\sigma^2}}\mathrm{d}\delta \tag{2-7}$$

服从正态分布的测量值 x，其概率密度函数为

$$f(x)=\frac{1}{\sigma\sqrt{2\pi}}e^{-\frac{(x-L)^2}{\sigma^2}} \tag{2-8}$$

式中，L 为均值。

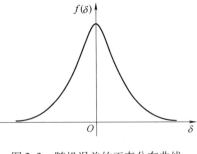

图 2-3　随机误差的正态分布曲线

2.2.3　粗大误差的处理

1. 粗大误差的产生和处理原则

明显地偏离了被测量真值的测量值所对应的误差，称为粗大误差。粗大误差的产生，有测量操作人员的主观原因，如读错数、记错数、计算错误等；也有客观外界条件的原因，如

外界环境的突然变化等。

含有粗大误差的测量值称为坏值。测量列中如果混杂有坏值，必然会歪曲测量结果。

为了避免或消除测量中产生粗大误差，首先要保证测量条件的稳定，其次测量人员要增强责任心并以严谨的作风对待测量任务。

对粗大误差的处理原则是：利用科学的方法对可疑值做出正确判断，对确认的坏值予以剔除。

2. 坏值判别准则

对可疑值是否是坏值的正确判断，须利用坏值判别准则。这些坏值判别准则建立在数理统计原理的基础上，在一定的假设条件下，确立一个标准作为对坏值剔除的准则。其基本方法就是给定一个显著水平 α，然后按照一定的假设条件来确定相应的置信区间，则超出此置信区间的误差就被认为是粗大误差，相应的测量值就是坏值，应予以剔除。这些坏值判别准则都是在某些特定条件下建立的，都有一定的局限性，因此不是绝对可靠和十全十美的。

2.2.4　系统误差的处理

系统误差是固定不变或按一定规律变化的误差。系统误差的产生原因是比较复杂的，它可能是一个原因在起作用，也可能是多个原因同时在起作用。主要是由于测量装置误差（如测量装置制造和安装的不正确，没有将测量装置调整到理想状态等）、环境误差（如环境温、湿度的变化等）造成的。

由于系统误差的产生原因比较复杂，系统误差对测量过程的影响不易发现，因此首先应当对测量装置、测量对象和测量数据进行全面的分析，检查和判定测量过程是否存在系统误差。若存在系统误差，则应设法找出产生系统误差的根源，并采取一定的措施来消除或减小系统误差对测量结果的影响。

分析产生系统误差的根源，一般可从以下五个方面着手。

1）所采用的测量装置是否准确可靠；

2）所应用的测量方法是否完善；

3）测量装置的安装、调整、放置等是否正确合理；

4）测量装置的工作环境条件是否符合规定条件；

5）测量操作人员的操作是否正确。

2.3　实验数据处理基本方法

数据处理是指从获得数据开始到得出最后结论的整个加工过程，包括数据记录、整理、计算、分析和绘制图表等。数据处理是实验工作的重要内容，涉及的内容很多，这里仅介绍一些基本的数据处理方法。

2.3.1　列表法

对一个物理量进行多次测量或研究几个量之间的关系时，往往借助于列表法把实验数据列成表格。其优点是可使大量数据表达清晰醒目、条理化，易于检查数据和发现问题，避免差错，同时有助于反映出物理量之间的对应关系。所以，设计一个简明醒目、合理美观的数据表格，是每一个同学都要掌握的基本技能。

列表没有统一的格式，但所设计的表格要能充分反映上述优点，应注意以下几点：

1）各栏目均应注明所记录的物理量的名称（符号）和单位；

2）栏目的顺序应充分注意数据间的联系和计算顺序，力求简明、齐全、有条理；

3）表中的原始测量数据应正确反映有效数字，数据不应随便涂改，确实要修改数据时，应将原来的数据画条杠以备随时查验；

4）对于函数关系的数据表格，应按自变量由小到大或由大到小的顺序排列，以便于判断和处理。

2.3.2　图解法

图线能够直观地表示实验数据间的关系，找出物理规律，因此图解法是数据处理的重要方法之一。图解法处理数据，首先要画出合乎规范的图线，其要点如下：

（1）选择图纸　作图纸有直角坐标纸（即毫米方格纸）、对数坐标纸和极坐标纸等，根据作图需要选择。在力学实验中比较常用的是毫米方格纸，其规格多为 $17cm \times 25cm$。

（2）曲线改直　由于直线最易描绘，且直线方程的两个参数（斜率和截距）也较易算得，所以对于两个变量之间的函数关系是非线性的情形，在用图解法时应尽可能通过变量代换将非线性的函数曲线转变为线性函数的直线。下面为几种常用的变换方法。

1）$xy = c$（c 为常数）。令 $z = \dfrac{1}{x}$，则 $y = cz$，即 y 与 z 为线性关系。

2）$x = c\sqrt{y}$（c 为常数）。令 $z = x^2$，则 $y = \dfrac{1}{c^2}z$，即 y 与 z 为线性关系。

3）$y = ax^b$（a 和 b 为常数）。等式两边取对数得，$\lg y = \lg a + b\lg x$。于是，$\lg y$ 与 $\lg x$ 为线性关系，b 为斜率，$\lg a$ 为截距。

4）$y = ae^{bx}$（a 和 b 为常数）。等式两边取自然对数得，$\ln y = \ln a + bx$。于是，$\ln y$ 与 x 为线性关系，b 为斜率，$\ln a$ 为截距。

（3）确定坐标比例与标度　合理选择坐标比例是作图法的关键所在。作图时通常以自变量作横坐标（x 轴），因变量作纵坐标（y 轴）。坐标轴确定后，用粗实线在坐标纸上描出坐标轴，并注明坐标轴所代表物理量的符号和单位。

坐标比例确定后，应对坐标轴进行标度，即在坐标轴上均匀地（一般每隔 2cm）标出所代表物理量的整齐数值，标记所用的有效数字位数应与实验数据的有效数字位数相同。标度不一定从零开始，一般用小于实验数据最小值的某一数作为坐标轴的起始点，用大于实验数据最大值的某一数作为终点，这样图纸可以被充分利用。

（4）数据点的标出　实验数据点在图纸上用"＋"符号标出，符号的交叉点正是数据点的位置。若在同一张图上作几条实验曲线，各条曲线的实验数据点应该用不同符号（如×、⊙等）标出，以示区别。

（5）曲线的描绘　由实验数据点描绘出平滑的实验曲线，连线要用透明直尺、三角板或曲线板等拟合。根据随机误差理论，实验数据应均匀分布在曲线两侧，与曲线的距离尽可能小。个别偏离曲线较远的点，应检查标点是否错误，若无误表明该点可能是错误数据，在连线时不予考虑。对于仪器仪表的校准曲线和定标曲线，连接时应将相邻的两点连成直线，整个曲线呈折线形状。

（6）注解与说明　在图纸上要写明图线的名称、坐标比例及必要的说明（主要指实验条件），并在恰当的地方注明作者姓名、日期等。

（7）直线图解法　求待定常数直线图解法首先是求出斜率和截距，进而得出完整的线性方程。其步骤如下：

1）选点。在直线上紧靠实验数据两个端点内侧取两点 $A(x_1, y_1)$、$B(x_2, y_2)$，并用不同于实验数据的符号标明，在符号旁边注明其坐标值（注意有效数字）。若选取的两点距离较近，计算斜率时会减少有效数字的位数。这两点既不能在实验数据范围以外取点，因为它已无实验根据，也不能直接使用原始测量数据点计算斜率。

2）求斜率。设直线方程为 $y = a + bx$，则斜率为

$$b = \frac{y_2 - y_1}{x_2 - x_1}$$

3）求截距。截距的计算公式为

$$a = y_1 - bx_1$$

2.3.3　逐差法

当两个变量之间存在线性关系，且自变量为等差级数变化的情况下，用逐差法处理数据，既能充分利用实验数据，又具有减小误差的效果。具体做法是将测量得到的偶数组数据分成前后两组，将对应项分别相减，然后再求平均值。

例如，在弹性限度内，弹簧的伸长量 x 与所受的荷载（拉力）F 满足线性关系

$$F = kx$$

实验时等差地改变荷载，测得一组实验数据如表 2-1 所示。

表　2-1

砝码质量/kg	1.000	2.000	3.000	4.000	5.000	6.000	7.000	8.000
弹簧伸长位置/cm	x_1	x_2	x_3	x_4	x_5	x_6	x_7	x_8

求每增加 1kg 砝码弹簧的平均伸长量 Δx。

若不加思考进行逐项相减，很自然会采用下列公式计算：

$$\Delta x = \frac{1}{7}\left[(x_2 - x_1) + (x_3 - x_2) + \cdots + (x_8 - x_7)\right] = \frac{1}{7}(x_8 - x_1)$$

结果发现除 x_1 和 x_8 外，其他中间测量值都未用上，它与一次增加 7 个砝码的单次测量等价。

若用多项间隔逐差，即将上述数据分成前后两组，前一组（x_1，x_2，x_3，x_4），后一组（x_5，x_6，x_7，x_8），然后对应项相减求平均，即

$$\Delta x = \frac{1}{4 \times 4}\left[(x_5 - x_1) + (x_6 - x_2) + (x_7 - x_3) + (x_8 - x_4)\right] \tag{2-9}$$

这样全部测量数据都用上了，保持了多次测量的优点，减少了随机误差，计算结果比前面的要准确些。逐差法计算简便，特别是在检查具有线性关系的数据时，可随时"逐差验证"，及时发现数据规律或错误数据。

2.3.4 最小二乘法

1. 最小二乘法原理

最小二乘法是一种在多学科领域中获得广泛应用的数据处理方法，其理论基础是最小二乘原理。利用最小二乘法，可以解决参数的最可信赖值估计、组合测量的数据处理、数据拟合和回归分析等一系列数据处理问题。

在间接测量中，为了得到 m 个待测未知量 X_1，X_2，$\cdots$，X_m 的量值，可对与这 m 个待测未知量 X_1，X_2，$\cdots$，X_m 有函数关系的直接测量的量 Y 进行多次测量，再将测量数据代入函数关系式求得待测未知量。由于测量数据总是有误差的，根据这些数量有限的含有误差的测量数据，用某种数据处理方法所获得的某个待求量的结果必然存在误差，这个结果并非真值，往往称为估计量。为确定 m 个待测未知量 X_1，X_2，$\cdots$，X_m 的估计量 x_1，x_2，$\cdots$，x_m，可对直接测量的量 Y 进行 n 次测量，得到测量数据 l_1，l_2，$\cdots$，l_n。直接测量的量 Y 与待测量之间有如下的函数关系：

$$\begin{cases} Y_1 = f_1(X_1, X_2, \cdots, X_m) \\ Y_2 = f_2(X_1, X_2, \cdots, X_m) \\ \qquad\qquad \vdots \\ Y_n = f_n(X_1, X_2, \cdots, X_m) \end{cases} \tag{2-10}$$

若 $n = m$，则可通过求解方程组（2-10）直接求得待测未知量的估计量。由于测量数据不可避免地存在着测量误差，所求得的估计量 x_1，x_2，$\cdots$，x_m 也必定包含一定的误差。为了提高测量结果的精度，可以适当增加测量的次数 n，以便利用抵偿性达到减小随机误差影响的目的。一般情况下，$n > m$，因此不能直接通过方程组（2-10）求得估计量 x_1，x_2，$\cdots$，x_m。在这种情况下，如何由测量数据 l_1，l_2，$\cdots$，l_n 获得最可信赖的测量结果呢？最小二乘法较为理想地提供了一种处理以上问题的数据处理方法。

设直接测量的量 Y_1，Y_2，$\cdots$，Y_n 的估计量分别为 y_1，y_2，$\cdots$，y_n，则存在如下关系：

$$\begin{cases} y_1 = f_1(x_1, x_2, \cdots, x_m) \\ y_2 = f_2(x_1, x_2, \cdots, x_m) \\ \qquad\qquad \vdots \\ y_n = f_n(x_1, x_2, \cdots, x_m) \end{cases} \tag{2-11}$$

测量数据 l_1，l_2，$\cdots$，l_n 的残余误差为

$$\begin{cases} v_1 = l_1 - y_1 \\ v_2 = l_2 - y_2 \\ \qquad \vdots \\ v_n = l_n - y_n \end{cases} \tag{2-12}$$

即

$$\begin{cases} v_1 = l_1 - f_1(x_1, x_2, \cdots, x_m) \\ v_2 = l_2 - f_2(x_1, x_2, \cdots, x_m) \\ \qquad\qquad \vdots \\ v_n = l_n - f_n(x_1, x_2, \cdots, x_m) \end{cases} \tag{2-13}$$

式（2-12）和式（2-13）称为误差方程式，也可称为残余误差方程式，或简称残差方程式。

若测量数据 l_1，l_2，$\cdots$，l_n 的测量误差是无偏的，即已经排除了测量的系统误差，且各测量数据相互独立，为了分析问题的方便，假定测量数据服从正态分布，其标准差分别为 σ_1，σ_2，$\cdots$，σ_n，则直接测量数据出现在相应真值附近 $\mathrm{d}\delta_1$，$\mathrm{d}\delta_2$，$\cdots$，$\mathrm{d}\delta_n$ 区域内的概率分别可表示为

$$P_1 = \frac{1}{\sigma_1\sqrt{2\pi}}\mathrm{e}^{-\frac{\delta_1^2}{2\sigma_1^2}}\mathrm{d}\delta_1$$

$$P_2 = \frac{1}{\sigma_2\sqrt{2\pi}}\mathrm{e}^{-\frac{\delta_2^2}{2\sigma_2^2}}\mathrm{d}\delta_2$$

$$\vdots$$

$$P_n = \frac{1}{\sigma_n\sqrt{2\pi}}\mathrm{e}^{-\frac{\delta_n^2}{2\sigma_n^2}}\mathrm{d}\delta_n$$

由概率乘法定理可知，各测量数据同时出现在相应区域 $\mathrm{d}\delta_1$，$\mathrm{d}\delta_2$，$\cdots$，$\mathrm{d}\delta_n$ 内的概率为

$$P = P_1 P_2 \cdots P_n = \frac{1}{\sigma_1\sigma_2\cdots\sigma_n(\sqrt{2\pi})^n}\mathrm{e}^{-\frac{\delta_1^2}{2\sigma_1^2}-\frac{\delta_2^2}{2\sigma_2^2}-\cdots-\frac{\delta_n^2}{2\sigma_n^2}}\mathrm{d}\delta_1\mathrm{d}\delta_2\cdots\mathrm{d}\delta_n \tag{2-14}$$

根据最大或然原理，由于测量值 l_1，l_2，$\cdots$，l_n 事实上已出现，有理由认为 n 个测量值同时出现在相应区域 $\mathrm{d}\delta_1$，$\mathrm{d}\delta_2$，$\cdots$，$\mathrm{d}\delta_n$ 内的概率 P 应为最大，即待求量最可信赖值的确定应以测量数据 l_1，l_2，$\cdots$，l_n 同时出现的概率 P 最大为条件。

从式（2-14）可以看出，使 P 最大的条件为

$$\frac{\delta_1^2}{\sigma_1^2} + \frac{\delta_2^2}{\sigma_2^2} + \cdots + \frac{\delta_n^2}{\sigma_n^2} = 最小 \tag{2-15}$$

显然，由式（2-15）给出的结果只是估计量，它们以最大的可能性接近真值而不是真值。因此，可用残余误差的形式表示上述条件，即

$$\frac{v_1^2}{\sigma_1^2} + \frac{v_2^2}{\sigma_2^2} + \cdots + \frac{v_n^2}{\sigma_n^2} = 最小 \tag{2-16}$$

在等精度测量中，由于 $\sigma_1 = \sigma_2 = \cdots = \sigma_n$，因此可将式（2-16）简化为

$$v_1^2 + v_2^2 + \cdots + v_n^2 = \sum_{i=1}^n v_i^2 = 最小 \tag{2-17}$$

式（2-17）表明，测量结果的最可信赖值应在使残余误差的平方和为最小的条件下给出，这就是最小二乘法原理。实质上，按最小二乘条件求出的间接测量的结果能够充分地利用误差的抵偿作用，从而有效地降低随机误差的影响，因此从理论上讲所得结果是最可信赖的。

最小二乘法原理是在测量误差无偏、正态分布且相互独立的条件下推导出来的，在不严格服从正态分布的情况下也可以近似使用。

2. 线性参数的最小二乘法处理

最小二乘法既可用于线性参数的处理，也可用于非线性参数的处理。在实际测量工作

中，一般情况下多数问题是属于线性的，而对于非线性参数的问题，可借助于级数展开的方法，在某一区域近似地作为线性问题进行处理。因此，线性参数的最小二乘法处理是最小二乘法理论研究的基本内容。

线性参数的测量方程一般形式为

$$\begin{cases} Y_1 = a_{11}X_1 + a_{12}X_2 + \cdots + a_{1m}X_m \\ Y_2 = a_{21}X_1 + a_{22}X_2 + \cdots + a_{2m}X_m \\ \qquad\qquad\qquad\vdots \\ Y_n = a_{n1}X_1 + a_{n2}X_2 + \cdots + a_{nm}X_m \end{cases} \tag{2-18}$$

相应的估计量为

$$\begin{cases} y_1 = a_{11}x_1 + a_{12}x_2 + \cdots + a_{1m}x_m \\ y_2 = a_{21}x_1 + a_{22}x_2 + \cdots + a_{2m}x_m \\ \qquad\qquad\qquad\vdots \\ y_n = a_{n1}x_1 + a_{n2}x_2 + \cdots + a_{nm}x_m \end{cases} \tag{2-19}$$

其误差方程为

$$\begin{cases} v_1 = l_1 - (a_{11}x_1 + a_{12}x_2 + \cdots + a_{1m}x_m) \\ v_2 = l_2 - (a_{21}x_1 + a_{22}x_2 + \cdots + a_{2m}x_m) \\ \qquad\qquad\qquad\vdots \\ v_n = l_n - (a_{n1}x_1 + a_{n2}x_2 + \cdots + a_{nm}x_m) \end{cases} \tag{2-20}$$

借助于矩阵这一工具讨论线性参数的最小二乘法，将有许多便利之处。下面给出线性参数最小二乘原理的矩阵形式。

根据式（2-20），线性参数的误差方程的矩阵形式为

$$\begin{bmatrix} v_1 \\ v_2 \\ \vdots \\ v_n \end{bmatrix} = \begin{bmatrix} l_1 \\ l_2 \\ \vdots \\ l_n \end{bmatrix} - \begin{bmatrix} a_{11} & a_{12} & \cdots & a_{1m} \\ a_{21} & a_{22} & \cdots & a_{2m} \\ \vdots & \vdots & \ddots & \vdots \\ a_{n1} & a_{n2} & \cdots & a_{nm} \end{bmatrix} \begin{bmatrix} x_1 \\ x_2 \\ \vdots \\ x_m \end{bmatrix}$$

即

$$\boldsymbol{V} = \boldsymbol{L} - \boldsymbol{A}\hat{\boldsymbol{X}} \tag{2-21}$$

式中，

$$\boldsymbol{V} = \begin{bmatrix} v_1 \\ v_2 \\ \vdots \\ v_n \end{bmatrix}，$$ 为由 n 个直接测量结果的残余误差构成的列向量，称为残差矩阵；

$$\boldsymbol{L} = \begin{bmatrix} l_1 \\ l_2 \\ \vdots \\ l_n \end{bmatrix}，$$ 为由 n 个直接测量结果构成的列向量，称为实测值矩阵；

$$\hat{X} = \begin{bmatrix} x_1 \\ x_2 \\ \vdots \\ x_m \end{bmatrix},$$ 为由 m 个待求被测量的估计量构成的列向量，称为估计量矩阵；

$$A = \begin{bmatrix} a_{11} & a_{12} & \cdots & a_{1m} \\ a_{21} & a_{22} & \cdots & a_{2m} \\ \vdots & \vdots & \vdots & \vdots \\ a_{n1} & a_{n2} & \cdots & a_{nm} \end{bmatrix},$$ 为由 n 个误差方程的 $n \times m$ 个系数构成的 $n \times m$ 阶矩阵，称为

系数矩阵。

等精度测量时，残余误差平方和最小这一条件的矩阵形式为

$$\begin{bmatrix} v_1 & v_2 & \cdots & v_n \end{bmatrix} \begin{bmatrix} v_1 \\ v_2 \\ \vdots \\ v_n \end{bmatrix} = 最小$$

即

$$V^{\mathrm{T}}V = 最小 \tag{2-22}$$

将式（2-21）代入式（2-22），有

$$(L - A\hat{X})^{\mathrm{T}}(L - A\hat{X}) = 最小 \tag{2-23}$$

式（2-22）和式（2-23）即为线性参数最小二乘原理的矩阵形式。

线性参数的误差方程式为

$$\begin{cases} v_1 = l_1 - (a_{11}x_1 + a_{12}x_2 + \cdots + a_{1m}x_m) \\ v_2 = l_2 - (a_{21}x_1 + a_{22}x_2 + \cdots + a_{2m}x_m) \\ \qquad\qquad\qquad \vdots \\ v_n = l_n - (a_{n1}x_1 + a_{n2}x_2 + \cdots + a_{nm}x_m) \end{cases}$$

为了获得更可靠的测量结果，测量次数 n 总要多于未知参数的数目 m，所得误差方程式的方程数目总是要多于未知数的数目，因而无法直接用一般解代数方程的方法求解这些未知参数。利用最小二乘法原理可以将误差方程式转化为有确定解的代数方程组，即其方程式数目正好等于未知参数的个数，从而可求解出这些未知参数。

3. 数据拟合与回归分析

（1）数据拟合　在测量数据的处理中，通常需要根据实际测量所得的数据，求得反映各变量之间的最佳函数关系的表达式。例如，通过测量得到变量 y 与自变量 x_1，x_2，$\cdots$，x_n 的 m 组测量数据

$$(x_{1i}, x_{2i}, \cdots, x_{ni}, y_i) \quad i = 1, 2, \cdots, m$$

通常需要根据实测得到的这 m 组数据求出变量之间所满足的函数关系式

$$y = f(x_1, x_2, \cdots, x_n)$$

如果变量间的函数形式根据理论分析或以往的经验已经确定了，而其中有一些参数是未知的，则需要通过测量数据来确定这些参数；如果变量间的具体函数形式还没有确定，则需

要通过测量数据来确定函数形式和其中的参数。

根据实际测量所得的数据，求得反映各变量之间的最佳函数关系的表达式，这一过程称之为数据拟合。所求得的函数关系式为拟合方程式。若所求得的函数关系式为线性方程式，则称之为直线拟合，根据求得的函数关系式所作出的直线称为拟合直线。若所求得的函数关系式为非线性方程式，则称之为曲线拟合，根据求得的函数关系式所作出的曲线称为拟合曲线。

（2）回归分析 应用最小二乘法进行数据拟合的方法称为回归分析，所求得的函数关系式称为回归方程。若所求得的回归方程是线性方程，则所进行的回归分析称为线性回归。

将最小二乘法应用于等精度测量的数据拟合，其基本原则是：各个实测的数据点与拟合曲线的偏差（即残余误差）的平方和应为最小值。

回归分析实质上就是应用数理统计的方法，对测量数据进行分析和处理，从而求出反映变量间相互关系的经验公式，即回归方程。通常回归分析包括以下三个方面的内容：

① 从一组数据出发，确定回归方程的形式，即经验公式的类型；

② 求回归方程中的未定系数. 即回归参数；

③ 对回归方程的可信赖程度进行统计检验。

（3）一元线性回归 若所求得的回归方程是一元一次线性方程，则所进行的回归分析称为一元线性回归。一元线性回归是最简单，也是最基本的回归分析。

1）一元线性回归的数学模型。设两个变量 x 和 y 之间存在一定的关系，通过测量得到变量 y 与自变量 x 的 m 组测量数据

$$(x_i, y_i) \quad (i = 1, 2, \cdots, n)$$

通常需要根据实测得到的这 n 组数据求出这两个变量之间所满足的函数关系式，即回归方程。

为了研究变量 y 与自变量 x 之间的关系，可把数据点在坐标纸上，得到如图 2-4 所示的图形，这种图称为散点图。从散点图可以看出，变量 y 与自变量 x 之间大致成一条直线，因此我们可假设变量 y 与自变量 x 之间的内在关系是线性关系。这些点与直线的偏离是因为测量过程中其他一些随机因素的影响而引起的。这样我们就可以假设这组测量数据有如下结构形式的关系式：

$$y_i = \beta_0 + \beta_1 x_i + \varepsilon_i, i = 1, 2, \cdots, n \quad (2-24)$$

式中，ε_i 为其他随机因素对 y_1，y_2，$\cdots$，y_n 影响的总和，一般假设它们是一组相互独立、并服从同一正态分布的随机变量。

自变量 x 可以是随机变量，也可是一般变量，不特别指出时，都作一般变量处理，即它是可以精确测量或严格控制的变量。这样，变量 y 是与 ε 服从同一正态分布的随机变量。式（2-24）就是一元线性回归的数学模型。

2）回归方程的参数估计。将通过测量得到变量 y 与自变量 x 的 n 组测量数据 (x_i, y_i)，

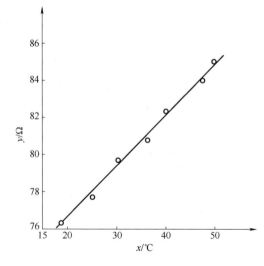

图 2-4 散点图

$（i=1，2，\cdots，n）$ 代入式（2-24），就可以得到一组测量方程，该方程组的每个方程形式都相同，即都为式（2-24）的形式。由式（2-24）组成的方程组中有两个未知数，且方程个数大于未知数的个数，适合于用最小二乘法来求解。

用最小二乘法来估计式（2-24）的两个未知参数 β_0 和 β_1，称为回归方程的参数估计。设 b_0 和 b_1 分别是参数 β_0 和 β_1 的最小二乘估计值，于是可得到一元线性回归的回归方程

$$\hat{y}=b_0+b_1x \tag{2-25}$$

一元线性回归方程（2-25）的图示是一条直线，称为回归直线。式中，b_0 是回归直线在 y 轴上的截距；b_1 是回归直线的斜率。b_0 和 b_1 称之为回归方程（2-25）的回归系数。一元线性回归的目的就是求出回归方程的回归系数 b_0 和 b_1。由于 b_0 和 b_1 是估计值，由回归方程（2-25）求得的 $\hat{y}$ 是变量 y 的估计值，称为回归值。

对于每一个自变量 x_i，由式（2-25）可以确定一个回归值 $\hat{y}_i=b_0+b_1x_i$，实际测得值 y 与回归值 $\hat{y}_i$ 之差就是残余误差

$$v_i=y_i-\hat{y}_i=y_i-b_0-b_1x_i，\quad i=1,2,\cdots,n \tag{2-26}$$

应用最小二乘法求解回归系数，就是在使残余误差平方和为最小的条件下求解回归系数 b_0 和 b_1。

第 3 章 主要仪器设备及原理

3.1 WDW3100 计算机控制电子万能试验机

微控电子
万能试验机

计算机控制电子万能试验机是材料力学性能实验中使用较为普遍、控制技术较为先进的一类试验机，所谓"万能"，即能适应多种实验环境、满足多种实验条件进行力学性能实验。它对荷载、变形、位移的测量和控制有较高的精度和灵敏度，与计算机联机则可实现试验进程模式控制、检测和数据处理自动化，并有低周荷载、变形、位移循环的功能。该类试验机广泛应用于航空、航天、交通运输、石油化工、机械制造等行业，一般可对金属、非金属的原材料及其制品进行拉伸、压缩、弯曲、剪切等多种力学性能试验。

国产电子万能材料试验机以 WDW 系列为代表，不同厂家生产的主机结构、信号转换元件配置、传动系统、检测控制原理基本相同，仅软件和操作系统有一定差异。WDW3100 微控电子万能试验机由主机部分和控制采集系统组成。主机部分由机座、立柱、电机、移动横梁、上下压头、上下拉伸夹头、丝杠、力传感器、光电编码器等组成；控制采集系统由计算机、放大器、A/D 转换板、采集软件及打印机等组成。试验机最大荷载 100kN，横梁移动速度为 0.5～500mm/min。荷载传感器为电阻应变式传感器。试验机外形构造如图 3-1 所示。

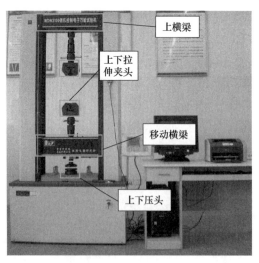

图 3-1 WDW3100 微控电子万能试验机外形构造

3.1.1 试验机概况

1. 试验机构造原理

WDW3100 微控电子万能试验机结构示意图如图 3-2 所示，其主要由加载结构、传动控制系统、测量系统及危机系统组成。

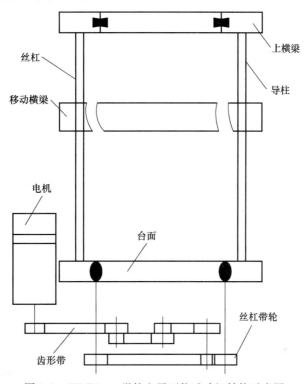

图 3-2　WDW3100 微控电子万能试验机结构示意图

加载部分为试验机主机，由移动横梁、上横梁、台面、光杠、丝杠、伺服电机、齿形带和丝杠带轮组成。滚珠丝杠在台面和上横梁之间，而丝杠的丝母及光杠的导套被固定在移动横梁上，夹具安装在移动横梁与上横梁之间。在微机系统的控制下，电机通过驱动滚珠丝杠从而使移动横梁移动，进而实现对试样的加载。

传动控制系统主要包括微控制器、控制面板、远控盒、控制微机及控制软件。控制系统的主要功能是控制试验机的加载方式、加载速度、数据的采集和处理、横梁移动和横梁保护。

测量系统是试验机的核心部分，包括荷载测量、变形测量和移动横梁的位移测量三部分，由测力传感器、放大器、A/D 转换器及接口电路组成。测力传感器将力转化为电信号，输入测力放大器进行放大，再经过 A/D 转换器输入计算机进而实时显示试样承受的力。为精确测量移动横梁的位移，光电编码器将丝杠的转角转化为编码器的脉冲输出，脉冲信号经过整形后输出到计算机，计算机再将此信号再次整形，滤波后进行识别、判断、计算处理并将结果传输给显示设备及终端设备。

2. 试验机加载原理

试验机电机安装在基座箱内。电机驱动系统采用 PanaSonic（松下）全数字交流伺服控制系统。移动横梁由滚珠丝杠副驱动,当电机通过三级同步带轮减速后带动两根滚珠丝杠转动时,移动横梁在设定的速度下向上或向下移动,通过不同类型的夹具实现对试样的加载。

3. 试验机测量与显示

(1)荷载测量 传感器有各种各样的类型,在此只简单地介绍应变式负荷传感器。此种传感器主要由弹性元件、应变片及外壳等部件构成。将8片电阻应变片用黏结剂粘贴在弹性元件的变形部位上,组成全桥电路。弹性元件在外力(拉力或压力)作用下产生应变,应变片上的电阻丝栅随之伸长或缩短,使其电阻值改变。然后由测量仪器将此电阻变化转换成与外力相对应的电量显示出来,这个电量就代表了力的大小。只要在这种传感器的两端配上不同的连接接头,就可以作拉力传感器或压力传感器。WDW3100型微控电子万能试验机上就配置了一支100kN拉压传感器。

如果在主机的上下拉伸夹头之间安装一根拉伸试样,当移动横梁向下运行时,试样就受到拉力作用,并产生伸长变形。为了测量拉力的大小,在移动横梁中安装一支拉压传感器,传感器两端分别与下拉伸夹头、上压头串联。当试样受到拉力时,传感器也受到一个拉力的作用,传感器就输出一个与拉力成正比的电压信号,放大后经A/D转换,在计算机屏幕上显示出拉伸时的荷载值。如果在主机的上、下压头之间放置一个压缩试样,当移动横梁向下运行时,试样将受到压力而发生缩短变形。试样承受的压力,由安装在移动横梁中的传感器输出一个与压力成正比的电压信号,放大后经A/D转换,在计算机屏幕显示出压缩时的荷载值。

(2)横梁位移测量 光电编码器和传动系统组成的位移测量系统,其工作原理是实现位移与电信号转换。拖动电机转动时,将编码器的角位移转换成脉冲电信号,而编码器的角位移与输出的脉冲数成正比,因此,只识别脉冲数也就知道了位移的大小,光电编码器输出的脉冲先经整形后输入计算机,计算机将接收到的脉冲信号用软件的方法进行计数、方向识别、处理,在计算机屏幕上显示出横梁移动量。

(3)变形测量 为了测量材料的弹性模量 E 和条件屈服应力 $\sigma_{0.2}$,万能试验机配有引伸计变形测量系统。引伸计两个刀口之间的距离为变形测量段的原始长度,称为标距。引伸计的标距应该是标准的,由一根长度杆控制。刀口用橡皮筋捆压(或用其他方式固定)在试样上。试样受力伸长时,刀口之间的距离就发生变化,使弹性元件上的应变片组成的电桥产生一个微小的电压变化量,放大后经A/D转换,输送给计算机进行数据处理,由计算机屏幕显示出弹性模量 E 值和条件屈服应力 $\sigma_{0.2}$ 值。

4. 万能试验机的校准

万能试验机在出厂前,已由厂方对试验机的荷载、变形和位移等参数进行了校准。出厂后,由于运输、安装及使用都会影响试验机的精度,所以,对试验机的荷载、变形和位移等参数都要定期用精度较高的专用仪器进行校准。此项工作一般由实验室工作人员实施。

5. 电子万能试验机的安全设施

为了使电子万能试验机安全、正常地工作,生产厂方采用了以下安全措施:

1)在使用中,试验力超过试验机最大荷载的10%时,过载保护系统控制动横梁自动停止加载,并发出超载报警声音,以保护传感器及主机的安全。

2）在主机上设置上限位和下限位开关。动横梁上挡块接触上限位开关或下限位开关时，试验机就会自动停机。

3）在主机的基座上设置有应急停车按钮。一旦发现试验机运行不正常，或安装试样时出现危险情况则立即按下红色"紧急停机"按钮，确保试验机和人身安全。

3.1.2 试验机常规操作

1. 试样安装

（1）拉伸试样安装 把总电源插座的插头插入墙上电源插座中，并打开该电源插座上的开关；转动试验机机座上电源开关钥匙，把开-关置于"开"位置；操作远控盒调整横梁至合适位置，拉伸试样一端头插入上拉伸夹头中，试样端顶与夹头根部间隙为5mm左右，按夹紧方向转动手柄把试样上端部夹紧；转动下拉伸夹头上的手柄，使下夹头上的孔口尽量张开，在远程盒上按上升钮"▲"，使动横梁向上运行，试样的顶部与下拉伸夹头根部约5mm时，立即按停机钮"■"，按夹紧方向转动手柄把试样夹紧。

（2）压缩试样安装 水平放置下压盘，把试样放置在下压盘正中间位置，然后操作远控盒下降按钮，使横梁向下移动到上压盘盘面和压缩试样上表面5mm左右时，立即按停机钮"■"。

2. 微控电子万能机试验机采集软件使用手册

（1）用户登录 打开计算机、显示器和打印机电源。30s后，计算机进入XP系统，用鼠标在计算机桌面上双击"拉压实验"图标，屏幕上显示"用户登录"界面（图3-3）。

图3-3 用户登录

（2）采集软件主界面说明 单击图3-3"确定"按钮，进入采集软件主界面（图3-4），用鼠标单击"联机"，计算机与试验机主机建立通信，试验机进入工作状况。点击主界面上右侧"上升"按钮，可以操作横梁向上移动，点击"下降"按钮可以操作横梁向下移动，点击"停止"按钮横梁立即停止上下移动；在横梁移动速度框中可以修改横梁移动的速度，速度范围：0.05～500mm/min；点击"脱机"按钮，试验机和计算机通信断开；点击"试验开始"按钮开始试验，同时绘制试验曲线图；点击"参数设置"按钮可以设置试验机运行参数；点击"试样录入"按钮可以录入试验初始参数；点击"数据管理"按钮可以打印试验结果报告。

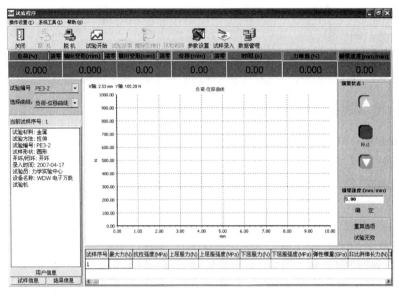

图 3-4　软件主界面

（3）试样录入操作　点击图 3-4 中的"试样录入"按钮，进入试样录入界面（图 3-5）安装好试样后，第一步工作就是试样录入，图 3-5 中所有带"＊"标记的参数都是必须输入参数，其中"试验编号"不能和已有的试验编号重复，每个试验都必须使用唯一的试验编号；"输入试样参数"框中有四列内容，其中直径参数为试样的测量直径，输入时不带单位，且该列内容必须填写，其他三列可以为空；其他没有标记"＊"的参数可以为空。输入完成所需参数后，点击"保存"按钮完成试样参数保存，然后点击"关闭"按钮退出参数录入窗口，并返回到主界面。

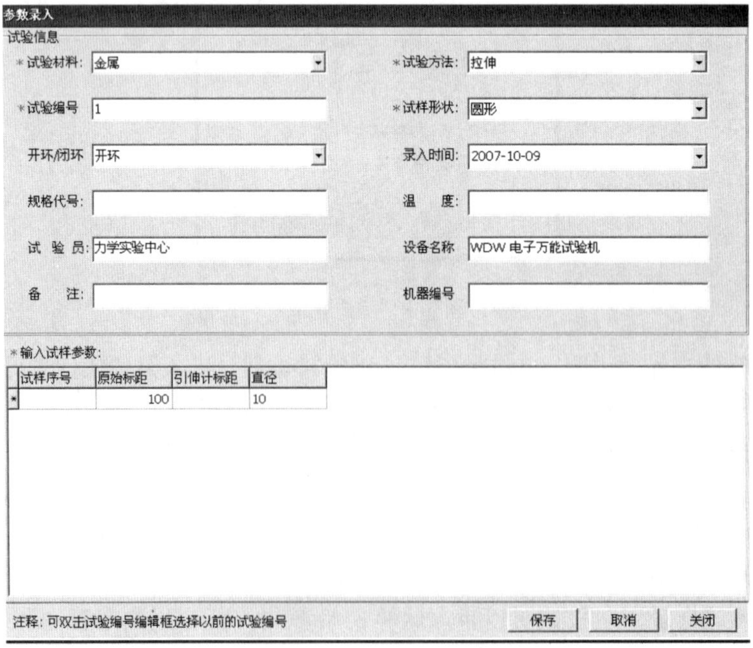

图 3-5　试样录入

（4）选择试样编号和曲线　完成上面的试样录入工作后，在图 3-4 的主界面中左侧要选择当前准备开始试验的编号，同时要选择想要得到的试验曲线，在材料力学性能的拉压实验中一般选择"负荷-位移曲线"。

（5）试验参数设置　完成了试样参数录入、试验编号和曲线选择工作后，接下来要对试验整个过程参数进行一系列设置，让计算机自动控制试验机完成试验过程。材料力学性能的拉压实验详细设置如下。

第一步：设置试验开始点，即采集软件绘制曲线的起始力的大小，一般设置 10～500N 开始；设置横梁移动的速度和方向，此处速度设置是试验机做实验时的加载速度，一般要求低速加载，故设置为 10mm/min 以下，设置横梁移动方向为"向下运动"；其他参数如图 3-6 所示。

第二步：在图 3-6 中点击"下一步"按钮，进入采集数据参数设置界面，选择当前试验所要采集的数据，图 3-7 是拉伸实验采集数据的界面，图 3-8 是压缩实验采集数据的界面。

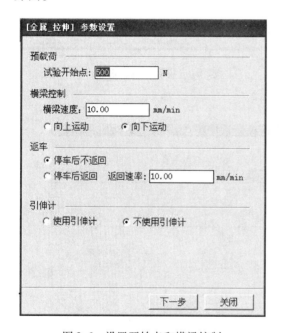

图 3-6　设置开始点和横梁控制

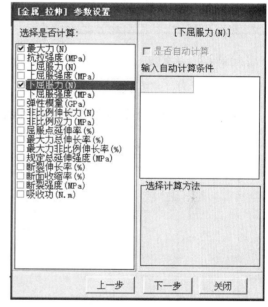

图 3-7　设置拉伸实验采集项目

第三步：设置试验机自动结束试验的条件参数，在设置好图 3-7 或图 3-8 参数后点击"下一步"按钮，进入图 3-9 界面，可以选择五种方式自动控制试验机结束试验，当试验机运行时有个参数满足了设置的条件就会自动停机。

（6）开始试验　设置好所有参数后，点击图 3-4 中"试验开始"按钮开始试验，采集软件实时采集试验数据，同时绘制出试验曲线图。

（7）试验数据打印　试验结束后，点击图 3-4 中"数据管理"按钮，进入图 3-10 界面，选择左侧列出来的试验编号，点击"报表"按钮，出现图 3-11 页面设置，点击"选择显示单元项目"，分别选中需要打印的数据，然后点击"报表预览"，出现图 3-12，点击"打印"按钮来打印试验结果。

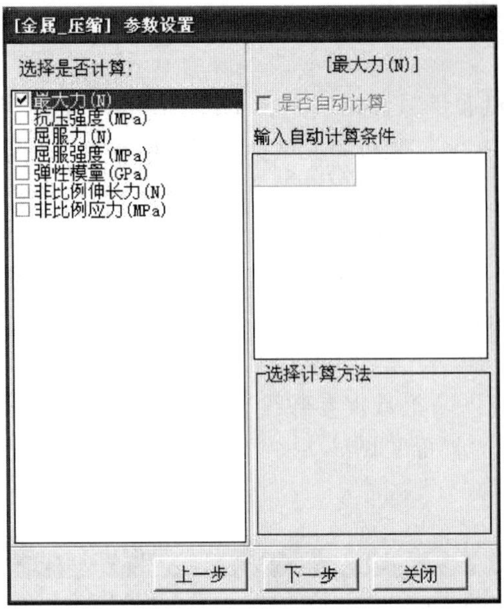

图 3-8　设置压缩实验采集项目 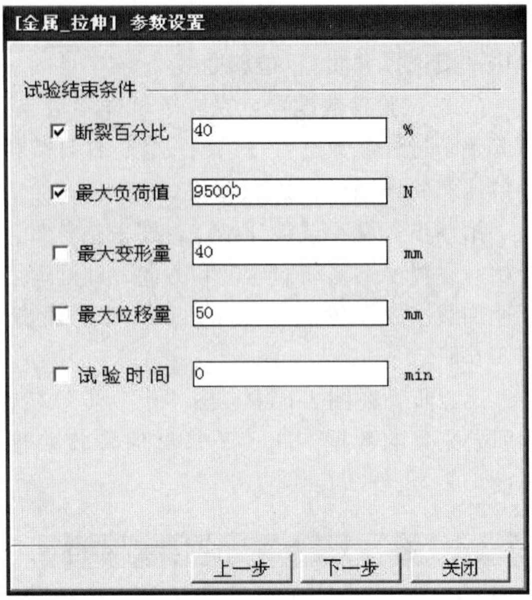　　　　　　图 3-9　设置试验结束条件

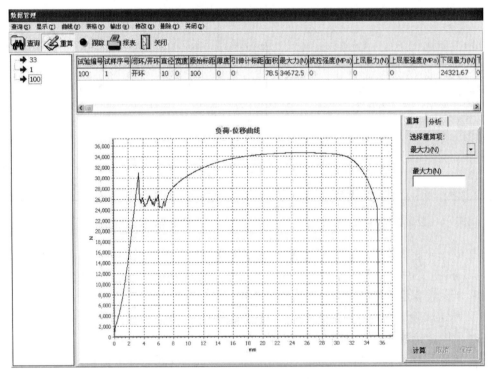

图 3-10　选择试验编号打印数据

图 3-11　数据打印页面设置

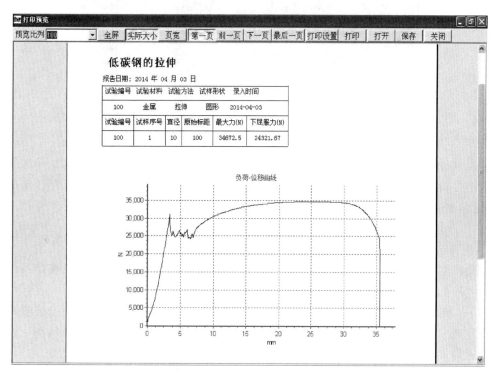

图 3-12　打印试验数据和曲线

3.2 / RNJ-1000 微机控制电子扭转试验机

3.2.1 概述

微机控制电子
扭转试验机

扭转试验机是用于测定试样受扭时力学性能的专用设备，国产扭转试验机分为：机械式、电子平衡式和微机控制式三类。随着电子技术的发展和计算机的普及应用，电子扭转试验机已经比较成熟。由于该类试验机具有操控便捷、精度高的特点，现已逐步取代传统的机械式扭转试验机。微机控制电子扭转试验机适用于金属、非金属及复合材料的扭转实验，可以测定各种材料或零部件在扭转力状态下的性能及物理参数，且相关的试验操作可通过试验软件完成，实现试验数据的自动采集、存储、处理和显示，试验结果可由打印机输出。下面以RNJ-1000（图3-13）微机控制电子扭转试验机为例，介绍其结构和工作原理。

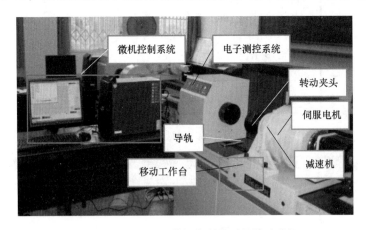

图 3-13 RNJ-1000 微机控制电子扭转试验机

3.2.2 主要结构及工作原理

RNJ-1000 微机控制电子扭转试验机采用微机控制，可自动进行数据的采集处理，可打印试验报告和扭矩-转角曲线，在试验运行过程中动态显示扭矩值、转角值、扭转角速度和扭矩-转角曲线，可进行软件标定，并具有超载保护功能。本机结构紧凑，操作简单，维护方便。

1. 主要结构

试验机主要由机架、工作台（导轨）、移动工作台、减速机、伺服电机、夹持系统、传感器、测控系统和微机控制系统等组成。

（1）加载系统　试验机采用交流伺服电机施加扭矩荷载，即实验开展中，被测试样安装在固定夹头和转动夹头之间，由电子控制系统或微机控制系统驱动伺服电机转动，通过减速机减速后带动转动夹头转动，从而施加扭矩。

（2）电子测控系统　图 3-14 所示为电子测控系统。该系统主要控制夹头活动端用以安装试件，"顺时针""逆时针"键控制活动夹头转动方向，"快/慢"键控制转动速度。

图 3-14　电子测控系统

（3）微机控制系统　该试验机配有专用实验软件，可实现对实验参数、工作状态的设定，具有数据采集、数据处理、分析、显示、打印实验结果等功能。启动微机后，按"扭转试验机控制系统"快捷键，进入微机控制系统，其界面如图 3-15 所示。

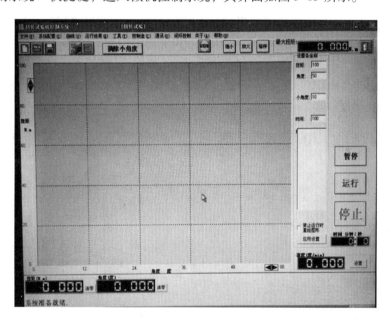

图 3-15　微机控制系统

2. 工作原理

固定扭转头安装在导轨工作台上，一端与扭转传感器连接，另一端与试样相连；活动扭转头固定在减速机输出轴上，电机与减速机相连；试样安装在两扭转头间。移动工作台能在导轨工作台上左右自由移动，以方便装夹不同规格的试样；工作时由电机伺服控制器发出指令驱动电机带动减速机转动，从而实现对试样的扭转试验。试验过程中，扭转传感器产生输出信号；测控系统把采集到的数据经过处理后传输给计算机进行进一步处理。

3.2.3 试验机的使用与操作

1. 试样的安装

首先，打开主机电源开关，待测控系统完成开机自检后，按压"扭矩清零"和"扭角清零"按钮，然后根据试样的形状来确定所用夹块的夹头衬套的类型。如果试样的夹持部分是圆形的，应使用 V 形夹块；如果试样的夹持部分是圆形铣扁的，则用方形夹块。在做圆形试样的试验时，直接把试样放在两 V 形夹块中间，用专用扳手分别拧紧夹头两侧，夹紧螺钉至试样基本处于夹头的中心位置，然后用同样的方法夹紧试样的另一端。在用方形夹块时，一定要用到夹头衬套，夹头衬套的作用是保证试样两端同心。方形夹块和夹头衬套各有两种规格，依据试样夹持部分的大小来确定。选择好夹块和衬套后，把夹头衬套和方形夹块放入两边的扭转夹头内，将试样放入中间，用专用扳手拧紧夹块。在试样装好后，如果扭矩显示窗口上显示的扭矩值不为零，则要按下"机械调零"键，调整减速机输入端的手轮至控制面板上"扭矩"显示窗口的数值为零，松开"机械调零"键，按压"扭角清零"，此时准备工作全部做好，可随时开始试验。

2. 采集软件使用方法

第一步，启动桌面上"扭转试验机控制系统"程序，出现采集程序主界面，如图 3-15 所示；

第二步，点击"文件"菜单上的"新的实验"选项；

第三步，点击"系统配置"菜单的"环境参数"，如图 3-16 所示，输入试样直径 15mm，然后点击"下一步"；

图 3-16　试样参数设置

第四步，参数设置（图 3-17）：运行速度设置为 300°/min，实验起始点设置为 5N·m，断裂判断起始点设置为 10N·m，"力值小于最大力值的"设置为 30%，设置完成后单击"应用更改"，然后关闭窗口；

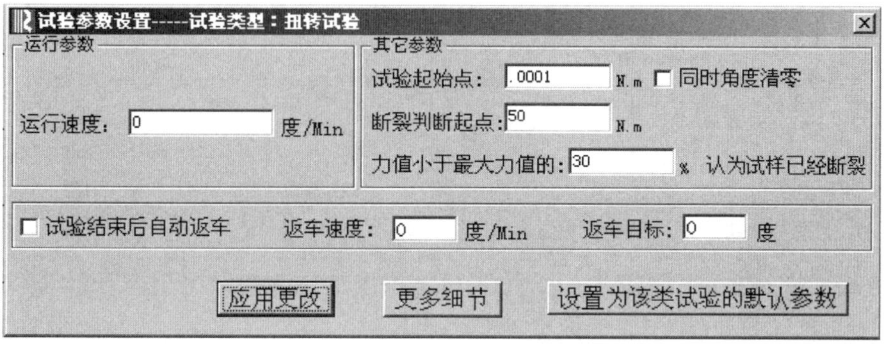

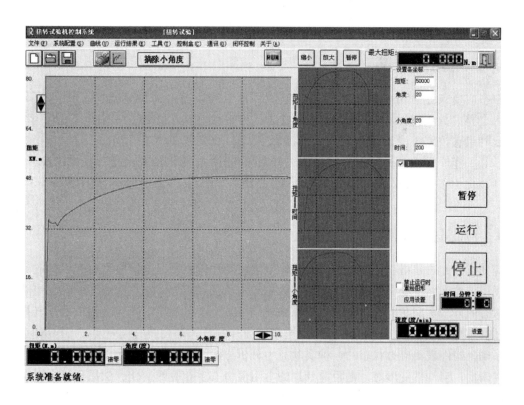

图 3-17　应用更改

第五步，点击右边"运行"按钮，开始实验（图 3-18）；

图 3-18　开始实验

第六步，数据打印，点击"文件"菜单中的"报告"（图 3-19），点击"打印"按钮打印报告。

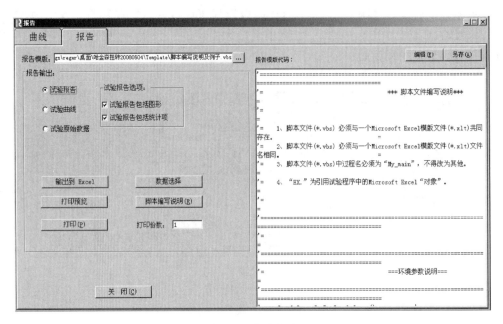

图 3-19   打印报告

3.3 / 电阻应变仪

静态应变仪是测量电阻应变式传感器的一种专用仪器，其主要结构由输入电路、放大电路和应变输出电路组成。应变仪在应变电测过程中主要起到组成桥路、测试桥路电压、功率放大、A/D 转换并采集显示的作用，其工作原理为：通过电桥将应变片电阻值的微小变化转换成输出电压（或电流）的变化，并经放大电路进行放大，然后再由应变表示出来。

DH3818-4 静态
应变仪

3.3.1   应变电测原理

应变电测方法是指在待测结构表面粘贴电阻应变片传感器，连接电阻应变仪构成测试电路，测得构件表面应变，并根据待测结构的材料本构关系（应力-应变关系）确定构件表面应力状态的方法。应变电测方法的主要思路就是将结构难以测得的应变（机械量）转换为可以通过电路测得的电量，其基本原理是用电阻应变片测定构件表面的线应变，再根据应变-应力关系确定构件表面应力状态的一种实验应力分析方法。这种方法是将电阻应变片粘贴在被测构件表面，当构件变形时，电阻应变片的电阻值将发生相应的变化，然后通过电阻应变仪将此电阻变化转换成电压（或电流）的变化，再换算成应变值或者输出与此应变成正比的电压（或电流）的信号，由记录仪进行记录，就可得到所测定的应变或应力。其原理框图如图 3-20 所示。

要掌握应变电测原理和方法，应该从以下几个方面入手：①应变片（应变传感器）的原理；②惠斯通电桥（应变测试电路）的工作原理；③电阻应变片的粘贴工艺。

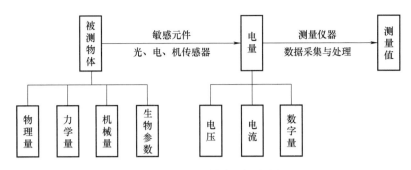

图 3-20 电测技术原理框图

1. 电阻应变片原理

（1）电阻应变片的结构 电阻应变片的基本构成如图 3-21 所示，主要由敏感栅、基底、黏结剂、盖层和引出线 5 部分组成。应变片的主要构成部分为敏感栅，敏感栅由高电阻率的金属丝构成，其变形对电阻变化非常灵敏。基底和盖层主要起到绝缘和保持敏感栅的形状及位置的作用。黏结剂用来将敏感栅固定在基底上。引出线是应变传感器的引出端，用于接入电路。

（2）电阻应变片的工作原理 使用电阻应变片测试结构表面应变时，将应变片粘贴在结构上，结构发生变形时，电阻应变片发生变形，其电阻发生变化。电阻丝发生的平均应变可以用来表示结构发生的应变。因此，建立应变片电阻丝应变与其电阻变化之间的关系是应变电测的前提基础。

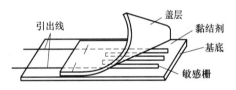

图 3-21 电阻应变片的基本构成

由物理学知识，电阻丝的电阻与其几何特征和电阻率的关系如下：

$$R = \rho l / A \tag{3-1}$$

式中，ρ 为电阻丝材料的电阻率；l 为电阻丝的初始长度；A 为电阻丝初始横截面积。

对式（3-1）进行微分，可得

$$\frac{\Delta R}{R} = \frac{\Delta \rho}{\rho} + \frac{\Delta l}{l} - \frac{\Delta A}{A} \tag{3-2}$$

式中，$\dfrac{\Delta l}{l}$ 为电阻丝的平均应变，即

$$\frac{\Delta l}{l} = \varepsilon \tag{3-3}$$

假设电阻丝初始直径为 d，则

$$\frac{\Delta A}{A} = 2 \frac{\Delta d}{d} = -2\mu \frac{\Delta l}{l} \tag{3-4}$$

由以上 4 个式子，可得

$$\frac{\Delta R}{R} = (1 + 2\mu)\varepsilon + \frac{\Delta \rho}{\rho} \tag{3-5}$$

若令

$$K = 1 + 2\mu + \frac{\Delta \rho}{\rho} \Big/ \varepsilon \tag{3-6}$$

则
$$\frac{\Delta R}{R} = K\varepsilon \tag{3-7}$$

前人通过很多实验发现，有些金属材料（如康铜 Ni-Cu）在很大的应范围内，其$\frac{\Delta R}{R}$-ε关系曲线基本为线性。因此，用这些金属制作的应变片，其电阻变化与应变呈线性关系。K 被称为应变片的灵敏度系数。应变片在出厂之前都被标定了灵敏度系数，这样只要知道粘贴在待测结构上的应变片的电阻变化大小，就可以通过式（3-7）计算出待测结构上的发生的应变。

2. 惠斯通电桥原理

前一部分介绍了电阻应变片的工作原理，只要知道应变片的初始电阻以及电阻变化就能够计算出待测结构的应变。但是在实际测试过程中，直接测试电阻变化很不方便，通常将应变片接入恒压（或恒流）惠斯通电桥中，通过监控电桥的输出电压变化来得到应变片的电阻变化，这就是要将不方便测量（待测）的机械量转变为电量的过程。这种转换为后续数据的采集与相应的硬件开发提供了必要的前提。本书仅以恒压惠斯通电桥来说明惠斯通电桥的工作原理以及在应变电测中的应用。

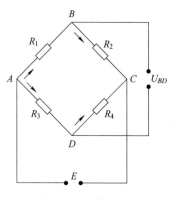

图 3-22　惠斯通电桥

（1）惠斯通电桥的工作原理　测量电路有多种，惠斯通电路是最常用的电路，如图 3-22 所示。设电桥各桥臂电阻分别为 R_1、R_2、R_3、R_4，其中任一桥臂都可以是电阻应变片。电桥的 A、C 为输入端，接电源 E；B、D 为输出端，输出电压为 U_{BD}。

从 ABC 半个电桥来看，A、C 间的电压为 E，流经 R_1 的电流为

$$I_1 = \frac{E}{(R_1 + R_2)} \tag{3-8}$$

R_1 两端的电压降为

$$U_{AB} = I_1 R_1 = \frac{R_1 E}{(R_1 + R_2)} \tag{3-9}$$

同理，R_3 两端的电压降为

$$U_{AD} = I_3 R_3 = \frac{R_3 E}{(R_3 + R_4)} \tag{3-10}$$

因此可得到电桥输出电压为

$$U_{BD} = U_{AB} - U_{AD} = \frac{R_1 E}{(R_1 + R_2)} - \frac{R_3 E}{(R_3 + R_4)} = \frac{(R_1 R_4 - R_2 R_3) E}{(R_1 + R_2)(R_3 + R_4)} \tag{3-11}$$

由式（3-11）可知，当

$$R_1 R_4 = R_2 R_3 \quad 或 \quad \frac{R_1}{R_2} = \frac{R_3}{R_4} \tag{3-12}$$

时，输出电压 U_{BD} 为零，成为电桥平衡。

设电桥的四个桥臂与粘在构件上的四枚电阻应变片连接，当构件变形时，其电阻值的变化分别为 $R_1 + \Delta R_1$、$R_2 + \Delta R_2$、$R_3 + \Delta R_3$、$R_4 + \Delta R_4$，此时电桥的输出电压为

$$U_{BD} = E \frac{(R_1 + \Delta R_1)(R_4 + \Delta R_4) - (R_2 + \Delta R_2)(R_3 + \Delta R_3)}{(R_1 + \Delta R_1 + R_2 + \Delta R_2)(R_3 + \Delta R_3 + R_4 + \Delta R_4)} \tag{3-13}$$

经整理、简化并略去高阶小量，可得

$$U_{BD} = E \frac{R_1 R_2}{(R_1 + R_2)^2} \left(\frac{\Delta R_1}{R_1} - \frac{\Delta R_2}{R_2} - \frac{\Delta R_3}{R_3} + \frac{\Delta R_4}{R_4} \right) \tag{3-14}$$

当四个桥臂电阻值均相等，即 $R_1 = R_2 = R_3 = R_4 = R$ 时，且它们的灵敏系数均相同，则将关系式 $\Delta R/R = K\varepsilon$ 代入式（3-14），则有电桥输出电压为

$$U_{BD} = \frac{E}{4} \left(\frac{\Delta R_1}{R_1} - \frac{\Delta R_2}{R_2} - \frac{\Delta R_3}{R_3} + \frac{\Delta R_4}{R_4} \right) = \frac{EK}{4}(\varepsilon_1 - \varepsilon_2 - \varepsilon_3 + \varepsilon_4) \tag{3-15}$$

由于电阻应变片是测量应变的专用仪器，电阻应变仪的输出电压 U_{BD} 是用应变值 ε_d 直接显示的。电阻应变仪有一个灵敏系数 K_0，在测量应变时，只需将电阻应变仪的灵敏系数调节到与应变片的灵敏系数相等。则 $\varepsilon_d = \varepsilon$，即应变仪的读数应变 ε_d 值不需进行修正，否则，需按下式进行修正：

$$K_0 \varepsilon_d = K\varepsilon \tag{3-16}$$

则其输出电压为

$$U_{BD} = \frac{EK}{4}(\varepsilon_1 - \varepsilon_2 - \varepsilon_3 + \varepsilon_4) = \frac{EK}{4} \varepsilon_d \tag{3-17}$$

由此可得电阻应变仪的读数应变为

$$\varepsilon_d = \frac{4U_{BD}}{EK} = \varepsilon_1 - \varepsilon_2 - \varepsilon_3 + \varepsilon_4 \tag{3-18}$$

式中，ε_1、ε_2、ε_3、ε_4 分别为 R_1、R_2、R_3、R_4 的应变值。

式（3-15）表明，电桥的输出电压与各桥臂应变的代数和成正比。应变 ε 的符号由变形方向决定，一般规定拉应变为正，压应变为负。由式（3-18）可知，电桥具有以下基本特性：两相邻桥臂电阻所感受的应变 ε 代数值相减；而两相对桥臂电阻所感受的应变 ε 代数值相加。这种作用也称为电桥的加减性。利用电桥的这一特性，正确地布片和组桥，可以提高测量的灵敏度，减少误差，测取某一应变分量和补偿温度影响。

（2）温度效应补偿

1）温度补偿。通过应变电测方法测试待测结构的应变，其目的即为评价结构表面受力情况。但是在测试过程中，测试环境温度发生变化，结构会发生自由膨胀或收缩。这种变形虽不会在结构中产生内力，但是应变测试结果中却包含了温度导致的应变，而这部分应变不会产生对应的应力，因此，在测试过程中要把这部分应变消除掉。

消除温度影响的措施是温度补偿。在常温应变测量中温度补偿的方法是采用桥路补偿法。它是利用电桥特性进行温度补偿的。

① 补偿块补偿法。把粘贴在构件被测点处的应变片称为工作片，接入电桥的 AB 桥臂；另外以相同规格的应变片粘贴在与被测构件相同材料但不参与变形的一块材料上，并与被测构件处于相同温度条件下，称为温度补偿片，将它接入电桥，与工作片组成测量电桥的半桥，电桥的另外两桥臂为应变仪内部固定无感标准电阻，组成等臂电桥。由电桥特性可知，只要将补偿片正确地接在桥路中即可消除温度变化所产生的影响。

② 工作片补偿法。这种方法不需要补偿片和补偿块，而是在同一被测构件上粘贴几个

工作应变片，根据电桥的基本特性及构件的受力情况，将工作片正确地接入电桥中，即可消除温度变化所引起的应变，得到所需测量的应变。

2）接桥法。应变片在测量电桥中，利用电桥的基本特性，可用各种不同的接线方法以达到温度补偿；从复杂的变形中测出所需要的应变分量；提高测量灵敏度和减少误差。

① 半桥接线方法。

a）半桥单臂测量（图 3-23a）：电桥中只有一个桥臂接工作应变片（常用 AB 桥臂），而另一桥臂接温度补偿片（常用 BC 桥臂），CD 和 DA 桥臂接应变仪内标准电阻。考虑温度引起的电阻变化，按式（3-18）可得到应变仪的读数应变为

$$\varepsilon_d = \varepsilon_1 + \varepsilon_{1t} - \varepsilon_t$$

式中，ε_1 为工作应变片感知的结构受力导致的应变；ε_{1t} 为工作应变片感知的由温度变化导致的应变；ε_t 为补偿片感知的由温度变化导致的应变。

由于 R_1 和 R 温度条件完全相同，因此 $\left(\dfrac{\Delta R_1}{R_1}\right)_t = \left(\dfrac{\Delta R}{R}\right)_t$，即 $\varepsilon_{1t} = \varepsilon_t$，所以电桥的输出电压只与工作片引起的电阻变化有关，与温度变化无关，即应变仪的读数为 $\varepsilon_d = \varepsilon_1$，这种温度补偿方式即为补偿块补偿法。

b）半桥双臂测量（图 3-23b）：电桥的两个桥臂 AB 和 BC 上均接工作应变片，CD 和 DA 两个桥臂接应变仪内标准电阻。因为两工作应变片处在相同温度条件下，$\left(\dfrac{\Delta R_1}{R_1}\right)_t = \left(\dfrac{\Delta R_2}{R_2}\right)_t$，所以应变仪的读数为

$$\varepsilon_d = (\varepsilon_1 + \varepsilon_{1t}) - (\varepsilon_2 + \varepsilon_{2t}) = \varepsilon_1 - \varepsilon_2$$

由桥路的基本特性，自动消除了温度的影响，无须另接温度补偿片。

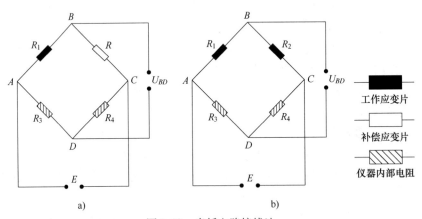

图 3-23　半桥电路接线法

a）半桥单臂测量　b）半桥双臂测量

② 全桥接线法。

a）对臂测量（图 3-24a）：电桥中相对的两个桥臂接工作片（常用 AB 和 CD 桥臂），另两个桥臂接温度补偿片。此时，四个桥臂的电阻处于相同的温度条件下，相互抵消了温度的影响。应变仪的读数为

$$\varepsilon_d = (\varepsilon_1 + \varepsilon_{1t}) - \varepsilon_{2t} - \varepsilon_{3t} + (\varepsilon_4 + \varepsilon_{4t}) = \varepsilon_1 + \varepsilon_4$$

b）全桥测量（图 3-24b）：电桥中的四个桥臂上全部接工作应变片，由于它们处于相同

的温度条件下，相互抵消了温度的影响。应变仪的读数为

$$\varepsilon_\mathrm{d} = \varepsilon_1 - \varepsilon_2 + \varepsilon_3 - \varepsilon_4$$

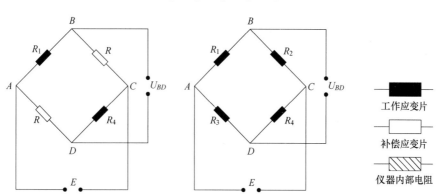

图 3-24　全桥电路接线法

a）对臂测量　b）全桥测量

3. 电阻应变片的粘贴工艺

应变片的粘贴是保证应变测试结果的重要步骤，其粘贴的主要工艺顺序如下：应变片预检查、构件表面处理、应变片的粘贴、导线的焊接与固定、防潮与质量检查。

（1）应变片的预检查

① 检查应变片的灵敏度系数，保证使用相同灵敏度系数的应变片；

② 测量应变片的电阻值，确定各应变片阻值相差不大于 0.5Ω；

③ 注意预检查的时候，不要弄脏应变片的基底。

（2）构件表面处理

① 定位，确定应变片的粘贴位置，即测点位置；

② 粗磨，用打磨机清除构件表面的油漆、锈蚀等异物，打磨平整；

③ 细磨，使用砂纸沿贴片 45°方向交叉打破；

④ 清洁，使用无水酒精（丙酮）清洗测点表面并干燥处理；

⑤ 刻线，确定贴片方向，使用刻线工具刻线定位。

电阻应变片
粘贴作业流程

（3）应变片的粘贴　应变片的黏结方式有很多种，比如不同大小标距的应变片的黏结方式不同、不同用途的应变片黏结方式不同、使用不同黏结剂时黏结方式不同。本文仅介绍用于短期机械测试的应变片的黏结方法。

① 分辨应变片正反面，找好贴片位置，在应变片的反面涂上黏结剂（502 胶），甩掉应变片上多余的胶水。

② 将应变片置于指定位置，在应变片上覆盖一层聚氯乙烯薄膜，用手指顺着应变片的长度方向用力挤压，挤出应变片下面的气泡和多余的胶水。用手指压紧，直到应变片与试样紧密黏合为止。松开手指，使用专用夹具将应变片和试样夹紧。注意按住时不要使应变片移动，轻轻掀开薄膜检查有无气泡、翘曲、脱胶等现象，否则需重贴。注意黏结剂不要用得过多或过少，过多则胶层太厚，影响应变片性能；过少则黏结不牢，不能准确传递应变。

（4）导线的焊接与固定　在贴近应变片引出线的位置粘贴接线端子，用于固定导线与

引出线的连接处，防止导线被拉动时，损坏应变片。

（5）防潮处理与质量检查

① 目测应变片是否粘贴牢固，有无气泡等。使用万用表检查测试线路是否通畅。

② 为了避免胶层吸收空气中的水分，影响测试效果，在接线后，要对应变片进行封装。常用封装防潮剂为704硅胶，将704硅胶均匀涂在应变片、引出线和端子上。

3.3.2 DH3818-4静态应变仪使用方法

DH3818-4静态应变仪（图3-25）有20个通道，其中1～19通道为应变通道（连接测试应变片，测试应变），第20通道为测力通道（连接力传感器，测试实验过程中施加的力的大小）。手动测量时，大面积LED数码管（测点显示器和测试应变显示器）显示通道号和应变值，通道切换键盘可以切换通道读取不同通道的应变值。在按照不同的测试需求接好电路后，在测试之前要对每个通道进行平衡处理（即电桥平衡），DH3818-4静态应变仪可以对每个测点分别自动平衡，还可根据应变计的灵敏度系数、导线电阻、桥路方式以及各种桥式传感器灵敏度，对测量结果进行修正。在使用计算机控制时，并且可用通过RS-232口（USB通信选件）连接最多16台仪器，扩展通道。

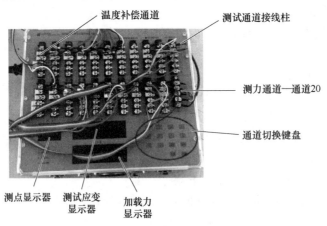

图3-25 DH3818-4静态应变仪

1. 桥路的连接

桥路类型是指在应变电桥中，根据不同的测试情况，接应变计的数量和方式有不同。DH3818-4静态应变仪提供六种桥路连接方式，表3-1为应变片贴片方式及与采集箱的连接方式。

表 3-1

序号	用　途	与采集箱的连接
方式一	1/4桥 （多通道共用补偿片） 适用于测量简单拉伸 压缩或弯曲应变	补偿　　1　　　10 A Rd A Rg1 A Rg10 A B B B B …… C C D D

（续）

序号	用　　途	与采集箱的连接
方式二	半桥 （1 片工作片，1 片补偿片） 适用于测量简单拉伸压缩或 弯曲应变，环境较恶劣	
方式三	半桥 （2 片工作片） 适用于测量简单拉 伸压缩或弯曲应变， 环境温度变化较大	
方式四	半桥 （2 片工作片） 适用于只测弯曲应变， 消除了拉伸和压缩应变	
方式五	全桥 （4 片工作片） 适用于只测拉 伸压缩的应变	
方式六	全桥 （4 片工作片） 适用于只测弯曲应变	

2. 操作步骤

（1）手动控制

① 将应变片与仪器连接后，打开电源开关；

② 查看测点：数字键，再按确认键确定通道号；

③ 根据应变片灵敏度、接线方式以及导线电阻确定通道修正并输入；

④ 采样前需点击"平衡"，对每一个进行平衡操作。

（2）计算机控制

单台仪器用 USB 与计算机直接连接使用；使用多台仪器时，需通过 RS485 连接使用，如图 3-26 所示。

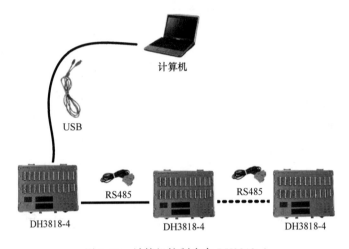

图 3-26　计算机控制多台 DH3818-4

3.4　XL3418C 材料力学多功能实验台

多功能实验台是材料力学电测法实验的装置，可用于开展教学大纲规定的多项材料力学实验，其外形结构如图 3-27 所示。

3.4.1　构造及工作原理

1. 外形结构

整个实验台为框架式结构，分前后两片架，其外形结构如图 3-27 所示。前片架可做弯扭组合受力分析，材料弹性模量、泊松比测定，偏心拉伸实验，压杆稳定实验，悬臂梁实验，等强度梁实验；后片架可做纯弯曲梁正应力实验，电阻应变片灵敏系数标定，组合叠梁实验等。该实验台操作简单，易于学生上手，实验效果好，并可根据需要，增设其他实验。

材料力学多功能实验台

2. 加载原理

实验台的加载机构为内置式，采用蜗轮蜗杆及螺旋传动的原理，在不产生对轮齿破坏的情况下，对试样进行施力加载，该设计采用了两种省力机械机构组合在一起，将手轮的转动变成了螺旋千斤加载的直线运动，具有操作省力，加载稳定等特点。

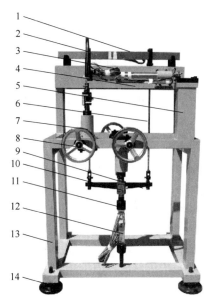

1—纯弯曲梁
2—弯扭附件
3—空心圆管
4—等强度梁
5—等强度梁支架
6—纯弯曲梁加载附件
7—加载传力机构
8—加载手轮
9—纯弯曲梁加载副梁
10—加载传感器
11—拉伸附件
12—拉伸试样
13—实验台架
14—可调节地脚

图 3-27 XL3418C 材料力学多功能实验台外形结构

3. 工作机理

实验台采用蜗杆和螺旋复合加载机构，通过传感器及过渡加载附件对试样进行施力加载，加载力大小经拉压力传感器由静态电阻应变仪的测力部分测出所施加的力；各试样的受力变形，通过静态电阻应变仪的测试应变部分显示出来，该测试设备备有微机接口，所有数据可由计算机分析处理打印。

3.4.2 操作步骤

1）将所做实验的试样通过有关附件连接到架体相应位置，连接拉压力传感器和加载件到加载机构上。

2）连接传感器电缆线到仪器传感器输入插座，连接应变片导线到仪器的各个通道接口上。

3）打开仪器电源，预热 20min 左右，输入传感器量程、灵敏度和应变片灵敏系数（一般首次使用时已调好，如实验项目及传感器没有改变，可不必重新设置），在不加载的情况下将测力量和应变量调至零。

4）在初始值以上对各试样进行分级加载，转动手轮速度要均匀，记下各级力值和试样产生的应变值，进行计算、分析和验证，如已与微机连接，则全部数据可由计算机进行简单的分析并打印。

3.4.3 技术指标和注意事项

1. 主要技术指标

1）试样最大作用荷载为 8kN。

2）加载机构作用行程为 55mm。

3）加载手轮转矩为 0 ~ 2.6N · m。

4）加载速率为 0.13mm/r。

5）整机重量为 250kg，外形尺寸为 850mm（长）×700mm（宽）×1170mm（高）。

2. 注意事项

1）初使用时应调节底盘上的螺杆，将水平仪置于铸铁上，支撑梁顶面调至水平，放上弯曲梁组件，使其加载杆不触及中间槽钢梁长槽的侧面。

2）每次实验最好先将试样摆放好，仪器接通电源，打开仪器预热 20min 左右，待设备状态稳定后再做实验。

3）各项实验不得超过规定的终载的最大拉压力。

4）加载机构作用行程为 55mm，手轮转动快到行程末端时应缓慢转动，以免撞坏有关定位件。

5）所有实验进行完后，应释放加力机构，最好拆下试样，以免闲杂人员乱动，损坏传感器和有关试样。

6）蜗杆加载机构应每半年或定期加润滑机油，避免干磨损，缩短使用寿命。

3.5 电子引伸计

感受试样变形的应变式位移传感器又称为电子引伸计，简称引伸计（图 3-28）。引伸计具有结构简单、安装方便、稳定性较好、灵敏度高的特点，因而目前被广泛使用。现以单侧电子引伸计为例介绍其结构形式（图 3-29）和工作原理，其主要构件包括应变片、弹性片、变形传递杆、刀刃、定位销和保护壳等。

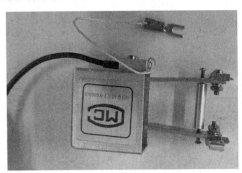

图 3-28　引伸计

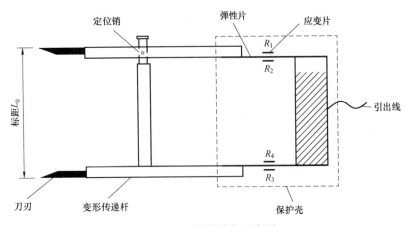

图 3-29　引伸计结构示意图

3.5.1　测量原理

测量变形时，引伸计变形传递杆前端的刀刃卡于试样上，与试样表面紧密接触，试样受力变形引起刀口产生相应的相对位移 Δl，使两变形传递杆张开或靠近，因而如图 3-29 所示传递杆上的弹性元件发生相应的变形，并由应变片测出。显然，应变片测出的应变与刀口的相对位移 Δl 成正比，故经过标定便可由测出的应变得到刀口的相对位移 Δl。同时，将 4 个应变片适当地组成全桥，既可实现全桥互联温度补偿，也可提高测量灵敏度，使电桥输出等于每个应变片测量应变的 4 倍。

3.5.2　使用方法及注意事项

1. 使用方法

1）将定位销插入定位孔。

2）用手指夹住引伸计上下端部，将上下刀口中点接触试样测量部位，使刀口中心与试样接触并与试样轴线平行，再用弹簧卡或皮筋将引伸计的刀口固定在试样上。

3）取下标距卡，取下定位销。

4）通过试验机的控制软件"实验条件选择"界面，选择变形测量方式：选择"荷载-变形曲线"跟踪方式。

5）将引伸计显示信号调零。

6）根据测量变形的大小选择放大器衰减档。

2. 注意事项

1）用弹簧卡或皮筋夹紧附件时的力度要适当，不可太紧或太松，要保证引伸计的刀口中心线在试样轴对称平面内。

2）专门配置的标距片不能随便更换，因为它可保证标距片取下后，引伸计的安装标距就是测量标距，并保证拉伸过程开始前引伸计的弹性元件处于无加载应变状态。

3）引伸计调零要在取下标距片后，测量开始之前进行。

4）实验进行中不能触碰引伸计。

5）当有不正常结果显示时，应考虑重新安装引伸计。

3.6　力传感器

测力传感器又称为力传感器、荷载传感器、荷重传感器，结构通常由 3 部分构成：弹性元件、应变片和外壳。弹性元件的变形部位上粘贴有电阻应变片，弹性元件在外力作用下产生应变，应变片上的电阻丝栅随之伸长或缩短，其电阻值发生改变，再由测量仪器将电阻变化转换成电信号显示出来，此电信号则代表了所受外力的大小。根据弹性元件的形式，测力传感器可以分为柱式、梁式、环式或轮辐式。现以柱式力传感器为例，介绍力传感器的结构形式和测力原理。

3.6.1　结构形式

柱式力传感器的弹性元件可制成实心柱体或空心圆筒。图 3-30 是两种不同形式柱式力传感器的结构示意图。图 3-30a 结构常用作压力传感器，图 3-30b 的两端多为螺纹联接，既可以测量压力也可以测量拉力。两种传感器的应变片用同样方式粘贴在弹性元件的侧表面上，通过应变片测量应变的方法即可达到测量力的目的。每次测量时，由于被测力作用线与弹性元件轴线不可避免地会有偏心或倾斜，必然会产生随机的测量误差。因而应合理布置应变片及接桥方式，以减小误差。

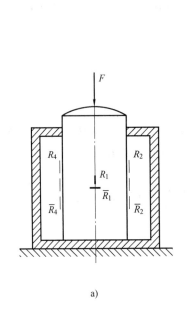
a)

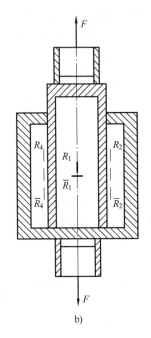
b)

图 3-30　柱式力传感器

以图 3-30a 所示结构为例，应变片应对称粘贴在弹性元件应变均匀分布区域，远离两端的中间区域，对称地选择相互夹角为 90° 的 4 条母线，在每条母线上沿母线方向和垂直于母线方向各粘贴一个电阻应变片，组成如图 3-31 所示的桥路，则电桥输出的总应变为

$$\varepsilon = \varepsilon_1 + \varepsilon_3 - \overline{\varepsilon}_1 - \overline{\varepsilon}_3 + \varepsilon_2 + \varepsilon_4 - \overline{\varepsilon}_2 - \overline{\varepsilon}_4 \quad (3\text{-}19)$$

由于 $\overline{\varepsilon}_i = -\mu\varepsilon_i$，则电桥输出为

$$\varepsilon = \varepsilon_1 + \varepsilon_3 + \mu\varepsilon_1 + \mu\varepsilon_3 + \varepsilon_2 + \varepsilon_4 + \mu\varepsilon_2 + \mu\varepsilon_4$$
$$= (\varepsilon_1 + \varepsilon_3 + \varepsilon_2 + \varepsilon_4)(1 + \mu) \quad (3\text{-}20)$$

式中，μ 为弹性元件材料的泊松比。

因此，如果发生偏心和倾斜，其横向分量和弯矩对于弹性元件的弯曲效应使相对的两个应变片发生等量异号的变化，则此种影响在式（3-20）求和

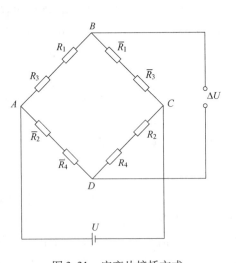

图 3-31　应变片接桥方式

中被消去。由于 8 个应变片在同一环境工作，故温度变化式相同的，因而此接桥方式也可实现温度补偿。

3.6.2　测量原理

柱式力传感器弹性元件如图 3-32 所示，应变片粘贴在圆筒中部，并组成上述的全桥线路。当圆筒受压时，其轴向应变计为 ε，温度引起的应变计为 ε_t，则各桥臂的应变分别为

$$\varepsilon_1 = \varepsilon_4 = -\varepsilon + \varepsilon_t$$
$$\varepsilon_2 = \varepsilon_3 = \mu\varepsilon + \varepsilon_t \qquad (3-21)$$

则读数应变为

$$\varepsilon_d = \varepsilon_1 - \varepsilon_2 - \varepsilon_3 + \varepsilon_4 = -2\varepsilon(1+\mu) \qquad (3-22)$$

若圆筒截面积为 A，则力 F_T 与读数应变的关系为

$$F_T = \sigma A = E\varepsilon A = -\frac{EA}{2(1+\mu)}\varepsilon_d \qquad (3-23)$$

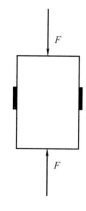

图 3-32　柱式力传感器弹性元件

3.7 / 扭角仪

3.7.1　千分表

千分表（图 3-33）利用齿轮放大原理制成，主要用于测量位移。工作时，将测杆的触头紧靠在被测物体上，物体的变形将引起触头的上下移动，细轴上的平齿便推动小齿轮及和它同轴的大齿轮共同转动，大齿轮带动指针齿轮，使得大指针随齿轮一起转动。大指针在刻度盘上转动一格表示触头位移为 1/1000mm，则放大倍数为 1000。大指针转动的圈数可由量程指针记忆。千分表的量程一般为 3mm 左右。

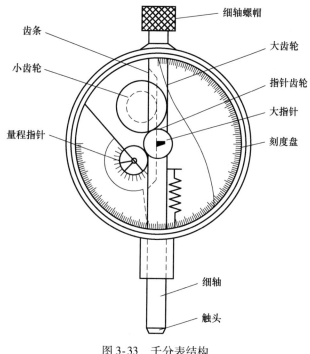

图 3-33　千分表结构

安装千分表时，应使细轴的方向（即触头的位移方向）与被测点的位移方向一致。而细轴则应选取适当的预压缩量。测量前可转动刻度盘使指针对准零点。

3.7.2 扭角仪

扭角仪是一种具有放大倍数大、精度高的测角仪器，其种类按其结构可分为机械式、光学式、电子式。它们的基本原理是相同的，都是将试样某截面圆周绕其形心旋转的弧长与其另一截面圆周绕其形心旋转的弧长之差进行放大后再测读。

如图 3-34 所示是机械式扭角仪原理图。扭角仪的测杆 A 与 B 分别固定在试样的 A、B 两截面上，两截面间的距离称为扭角仪的标距，用 L 表示。当试样受到扭矩 T 作用时，A、B 两截面发生相对转动。由于测杆 A 上的千分表读数反映出支杆 C 和 D 的相对位移 δ，故 A、B 两截面的相对转角根据几何关系得

$$\varphi = \tan\varphi = \frac{\delta}{H} \tag{3-24}$$

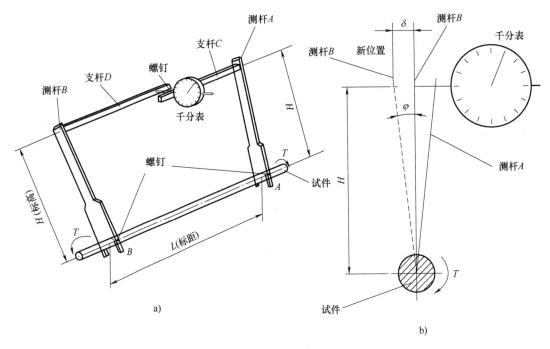

a)

b)

图 3-34　机械式扭角仪原理图

第 **4** 章 基础型实验

　　材料力学实验中，很大一部分实验以验证某一力学理论与规律、观察某一力学现象或考核单一知识点为主要目的，具有容易理解、现象典型、实施简便等特点。例如，在试样与试件材料、结构型式、受力模式、理论与知识点等方面较为简单；在工作原理、技术应用、实验过程等方面比较容易。我们把这类实验归类于基础型实验，该类实验多作为必修实验开展，是目前在教学中进行的最为广泛的实验项目。

　　本章共介绍 8 个实验：金属材料的拉伸实验、压缩实验、扭转实验，金属材料的弹性模量测试、剪切模量测试，纯弯曲梁正应力电测实验、贴片与组桥实验、应变片灵敏度系数标定实验。由于电阻应变测量法应用很广泛，所以贴片实验也作为基础实验来介绍。

4.1 低碳钢和灰铸铁的拉伸实验

4.1.1　实验概述

低碳钢拉伸实验

　　拉伸、压缩实验是研究材料力学性能最基本、应用最广泛的实验，由于其实验方法简单而且易于得到可靠的实验数据，所以一般都用来测定或检测材料的力学性能。拉伸、压缩实验测定的力学性能指标是机件或构件设计计算的依据，是评定和选择结构材料的主要依据。工矿企业、研究所一般都用机械测试方法对材料进行出厂检验时的复检，用测得的 σ_s、σ_b、δ、ψ 等指标来测定材质和进行强度、刚度计算。因此，对材料进行轴向拉伸、压缩实验具有工程实际意义。

灰铸铁拉伸实验

4.1.2　实验目的

　　1. 在拉伸实验过程中，观察试样受力和变形两者间的相互关系，并注意观察低碳钢材料的弹性、屈服、强化、颈缩、断裂等物理现象。

　　2. 测定该试样强度指标（屈服强度、抗拉强度）和塑性指标（断后伸长率、断面收缩率）。

　　3. 对典型的塑性材料和脆性材料进行受力变形现象比较，对其强度指标和塑性指标进行比较，分析这两大类材料的抗拉性能的区别。

　　4. 学习、掌握微控电子万能试验机的工作原理及使用操作方法。

4.1.3　实验仪器与设备

　　微控电子万能试验机、打印机、量规、钢直尺、游标卡尺。

4.1.4　拉伸试样

试样的形状和尺寸对实验结果是有一定影响的，为了减少形状和尺寸对实验结果的影响，便于比较实验结果，应按统一规定制备试样。拉伸试样应按国际 GB/T 2975—2018《钢及钢制品　力学性能试验取样位置及试样制备》进行加工。拉伸试样分为比例试样和定标试样两种。

比例试样（矩形试样）

$$L_0 = 11.3\sqrt{A_0} \quad \text{或} \quad L_0 = 5.65\sqrt{A_0}$$

定标试样（圆截面试样）

$$L_0 = 10d_0 \quad \text{或} \quad L_0 = 5d_0$$

式中，L_0 为试样的标距；d_0 为试样的工作段初始直径；A_0 为试样工作段的初始截面积。

一般拉伸试样采用哑铃状（特别是脆性材料），由工作部分（或称平行长度部分）、圆弧过渡部分和夹持部分组成，如图 4-1 所示。工作部分的表面粗糙度应符合国标规定，以确保材料表面的单向应力状态。

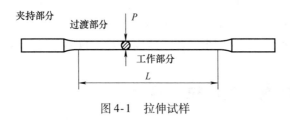

图 4-1　拉伸试样

4.1.5　实验原理

1. 低碳钢拉伸实验

在准静态拉伸试验中，可以直接得到低碳钢试样拉伸曲线（受力-轴向变形曲线，图 4-2a）和应力-应变曲线（图 4-2b）。首先将试样安装于试验机的夹头内，之后匀速缓慢加载（加载速度对力学性能有一定影响，速度越快，所测的强度值就越高），试样依次经过弹性、屈服、强化和颈缩四个阶段，其中前三个阶段是均匀变形的。

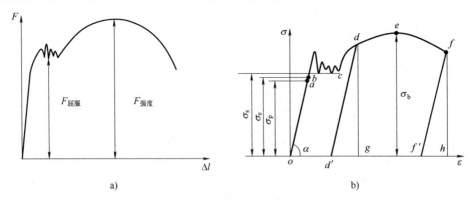

图 4-2　低碳钢拉伸曲线

a）受力-轴向变形曲线　b）应力-应变曲线

（1）弹性阶段（ob 段）　在拉伸的初始阶段，σ-ε 曲线（oa 段）为一直线，说明应力与应变成正比，即满足胡克定律，此阶段称为线性阶段。线性段的最高点则称为材料的比例极限（σ_p）。线性段的直线斜率即为材料的弹性模量 E。线性阶段后，σ-ε 曲线不为直线（ab 段），应力应变不再成正比，但若在整个弹性阶段卸载，应力-应变曲线会沿原曲线返回，荷载卸到零时，变形也完全消失。卸载后变形能完全消失的应力最大点称为材料的弹性极限（σ_e），一般对于钢等许多材料，其弹性极限与比例极限非常接近。

（2）屈服阶段（bc 段）　超过弹性阶段后，应力几乎不变，只是在某一微小范围内上下波动，而应变却急剧增长，它标志着材料暂时失去了对变形的抵抗能力，这种现象称为材料的屈服。屈服阶段里，应力有幅度不大的波动，由于应力的低限较为稳定，通常取使材料发生屈服的第一个低限应力，称为屈服极限（σ_s）。当材料屈服时，如果试样表面粗糙度满足要求，会发现试样表面呈现出与轴线成45°斜纹。这是由于试样的45°斜截面上作用有最大切应力，这些斜纹是由于材料沿最大切应力作用面产生滑移所造成的，故称为滑移线。这也进一步说明了，类似于低碳钢的塑性材料在拉伸时是由于最大剪应力导致的破坏，与材料力学第三强度理论相符。

（3）强化阶段（ce 段）　经过屈服阶段后，应力-应变曲线呈现曲线上升趋势，这说明材料的抗变形能力又增强了，这种现象称为应变硬化。若在此阶段卸载，则卸载过程的应力应变-曲线为一条斜线（如 d-d' 斜线），其斜率与比例阶段的直线段斜率大致相等。当荷载卸载到零时，变形并未完全消失，应力减小至零时残留的应变称为塑性应变或残余应变，相应的应力减小至零时消失的应变称为弹性应变。卸载完之后，立即再加载，则加载时的应力-应变关系基本上沿卸载时的直线变化。因此，如果将卸载后已有塑性变形的试样重新进行拉伸实验，其比例极限或弹性极限将得到提高，这一现象称为冷作硬化。在硬化阶段应力-应变曲线存在一个最高点，该最高点对应的应力称为材料的强度极限（σ_b），强度极限所对应的荷载为试样所能承受的最大荷载。

（4）局部变形阶段（ef 段）　试样拉伸达到强度极限 σ_b 之前，在标距范围内的变形是均匀的。当应力增大至强度极限 σ_b 之后，试样出现局部显著收缩，这一现象称为颈缩。颈缩出现后，使试样继续变形所需荷载减小，故应力-应变曲线呈现下降趋势，直至最后在 f 点断裂。试样的断裂位置处于颈缩处，断口形状呈杯状。在低碳钢拉伸实验过程中，观察屈服、强化、颈缩、断裂等现象。试样拉断后，打印 F-ΔL 曲线和实验数据（图4-3）。

在实验中，必须分别求断后的试样的标距 L_u 和颈缩处的最小直径 d_u。测量断后的标距和颈缩的直径方法为：

1）将断后的试样在断口处紧密地对接起来。

2）断口若在中间的 1/3 处时（将原标距分为三等份，两端的 1/3 和中间的 1/3），则可用直接测量法进行测量，即测量最外端两线之间的距离。

3）如果断口发生在两端的 1/3 处，则根据国家标准 GB/T 228.1—2010《金属材料拉伸试验　第 1 部分：室温试验方法》应用"移位法"进行测量，其方法是：

① 在长段上从断口处 O 取基本等于短段处格数 B 点，若从长段处 B 点到所余格数为偶数（图4-4），则取所余格数的一半得 C 点，此时的断后标距为：$L_u = \overline{AB} + 2\overline{BC}$。

② 在长段上从断口处 O 取基本等于短段处格数 B 点，若从长段处 B 点到所余格数为奇数（图4-5），则取所余格数加 1 和减 1 的一半得 C 和 C_1 点，则断后的标距为：$L_u = \overline{AB} + \overline{BC} + \overline{BC_1}$。

4）测定断面收缩率，在试样颈缩的最小处两个互相垂直的方向上测量其直径 d_1，计算

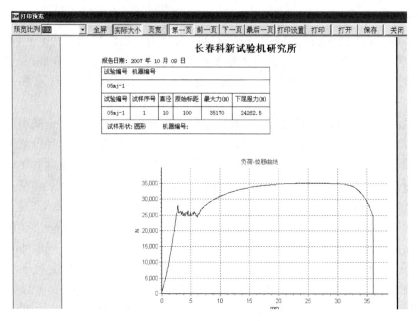

图 4-3　低碳钢拉伸实验结果打印界面

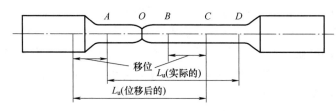

图 4-4　拉伸试样断口移中（偶数）

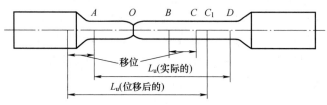

图 4-5　拉伸试样断口移中（奇数）

其断面收缩率。

5）若断口发生在标距以外，一般认为实验结果无效，必须重新做实验，依据测得的实验数据，计算低碳钢材料的强度指标和塑性指标。

强度指标：

屈服极限
$$\sigma_s = \frac{F_{屈服}}{A}, \quad A = \frac{\pi d^2}{4}$$

强度极限
$$\sigma_b = \frac{F_{强度}}{A}$$

塑性指标：

伸长率
$$\delta = \frac{L_u - L_0}{L_0} \times 100\%$$

断面收缩率

$$\psi = \frac{d_0^2 - d_u^2}{d_0^2} \times 100\%$$

2. 铸铁拉伸实验

铸铁是碳质量分数大于 2.11% 并含有较多硅、锰、硫、磷等元素的多元铁基合金。铸铁具有许多优良的性能及生产简便、成本低廉等优点，因而是应用最广泛的材料之一。铸铁在拉伸时的力学性能明显不同于低碳钢，铸铁从开始受力直至断裂，变形始终很小，既不存在屈服阶段，也无颈缩现象。断口垂直于试样轴线，这说明引起试样破坏的原因是最大拉应力。

铸铁试样在拉伸实验过程中，注意观察与低碳钢拉伸实验中不同的现象（如变形小、无屈服、无颈缩、断口平齐等）。试样断裂后，试验机自动停机，打印 F-ΔL 曲线和实验数据（图 4-6）。

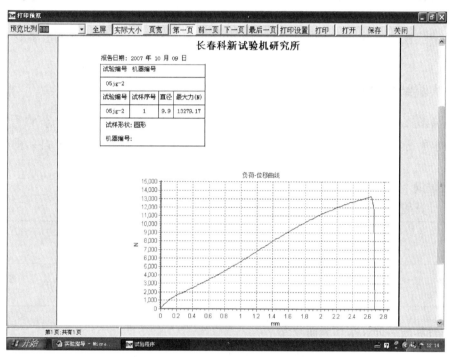

图 4-6　铸铁拉伸实验结果打印界面

根据实验时得到的最大荷载 $F_{强度}$，计算铸铁拉伸度强极限：

$$\sigma_b = \frac{F_{强度}}{A}$$

4.1.6　实验步骤

1. 打开试验机、计算机和打印机电源。

2. 识别试样材质。

1）观察拉伸试样的表面质量。表面质量较好的试样为低碳钢拉伸试样，反之为铸铁拉伸试样。

2）若两根拉伸试样都生锈，不易观察出试样的材质时，任意拿一根试样往地面上摔，试样发出大而清脆的声音为低碳钢拉伸试样，反之为铸铁拉伸试样。

3. 测量拉伸试样的尺寸。

由于材料的某些性能与试样的尺寸及形状有关，为了使不同材料的试验结果能互相比较，试验材料必须按国家标准做成标准试样或比例试样，如图 4-1 所示。试样中部等截面段的直径为 d，试样中段用来测量变形的长度 L 为标距，通常取 $L=5d$ 或 $L=10d$。本实验采用的是 $L=10d$ 试样。

4. 安装试样及设置采集软件参数。

具体方法和步骤参考 3.1 节内容。

5. 开动电子万能试验机开始实验，注意观察实验过程中试样的变化现象，实验结束后打印实验结果，实验过程中只要不出现意外情况，都不中断实验过程，当试验机运行参数达到预先设定的结束条件时会自动停机结束实验。

6. 取出试样，对于低碳钢材料需要测量 d_1 和 L_1，观察试样断口形状。

7. 所有实验结束后关闭计算机、打印机和万能试验机电源，整理好实验器材后离开实验室。

4.1.7 实验结果处理

以表格形式处理实验结果，计算出低碳钢的 σ_s、σ_b、δ 和 ψ，铸铁的 σ_b，最后写出实验报告，要求所有实验数据都通过"智能型实验报告批改系统"提交，系统自动批改后获得实验成绩。

1. 低碳钢

（1）计算屈服极限和强度极限

屈服极限 σ_s	$\sigma_s = \dfrac{P_s}{A_0} =$ MPa
强度极限 σ_b	$\sigma_b = \dfrac{P_b}{A_0} =$ MPa

（2）计算断后伸长率和断面收缩率

断后伸长率 δ	$\delta = \dfrac{L_u - L_0}{L_0} \times 100\% =$ %
断面收缩率 ψ	$\psi = \dfrac{A_0 - A_u}{A_0} \times 100\% =$ %

2. 铸铁

计算强度极限

强度极限 σ_b	$\sigma_b = \dfrac{P_b}{A_0} =$ MPa

4.1.8 预习思考题

1. 试比较低碳钢和铸铁在拉伸时的力学性能。

2. 在拉伸实验时，万能试验机上动横梁移动值与试样在标距内的伸长量有无差别，为什么？

3. 低碳钢拉伸实验中，试样为什么不是在应力-应变曲线的最高点处拉断？

4. 在什么情况下，需要用断口移位法来测量拉伸后的标距长度？

4.2　低碳钢和灰铸铁的压缩实验

4.2.1　实验概述

不同材料在承受拉伸、压缩过程中表现出不同的力学性能和现象。低碳钢和铸铁分别是典型的塑性材料和脆性材料。一般塑性材料拉伸实验得到的数据与压缩实验得到的数据接近，而脆性材料拉伸实验与压缩实验得到的数据差别较大。

低碳钢压缩实验

低碳钢材料具有良好的塑性，在拉伸实验中弹性、屈服、强化和颈缩四个阶段尤为明显、清楚。在压缩实验中的弹性阶段、屈服阶段与拉伸实验基本相同，最后试样只能被压扁，而不能被压裂，无法测定其压缩强度极限 σ_b。

灰铸铁压缩实验

铸铁材料受拉时处于脆性状态，其破坏是拉应力拉断。受压时有一定的塑性变形，其破坏是切应力引起的沿斜截面错动，断口与横截面成 45°～55°。铸铁材料的抗压强度远远大于抗拉强度，通过铸铁拉伸、压缩实验观察脆性材料的变形过程和破坏方式，并与低碳钢受拉伸、压缩结果进行比较，分析塑性材料（以低碳钢为代表）和脆性材料（以铸铁为代表）拉伸压缩力学性能的特点和区别。

4.2.2　实验目的

1. 测定压缩时低碳钢的屈服极限 σ_s 和铸铁的强度极限 σ_b。

2. 观察低碳钢和铸铁的变形和破坏现象，并进行比较。

3. 比较低碳钢和铸铁在拉伸和压缩两种受力形式下的机械性能，分析其破坏原因。

4.2.3　实验仪器与设备

微控电子万能试验机、打印机、量规、钢直尺、游标卡尺。

4.2.4　压缩试样

试样受压时，两端面与试验机压头之间的摩擦力很大，使得端面附近的材料处于三向压应力状态，约束了试样的横向变形，试样越短，影响越大，实验结果越不准确。因此，试样应有一定的长度。但是，试样太长又容易产生纵向弯曲而失稳。根据国标 GB/T 7314—2017《金属材料　室温压缩试验方法》，低碳钢和铸铁的压缩试验一般采用侧向无约束的圆柱体试样（图 4-7），尺寸一般为：$h = (1 \sim 2)d$。试样受压端面应尽量光滑，以消除摩擦力对横向变形的影响。

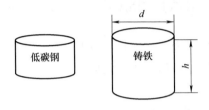

图 4-7 压缩试样

4.2.5 实验原理

1. 低碳钢压缩实验

以低碳钢为代表的塑性材料，轴向压缩时会产生很大的横向变形，但由于试样两端面与试验机压盘间存在摩擦力，约束了这种横向变形，故试样出现显著的鼓胀效应，如图 4-8a 所示。为了减小鼓胀效应的影响，通常的做法除了将试样端面制作的光滑外，还可在端面涂上润滑剂以最大限度地减小摩擦力。低碳钢试样的压缩曲线如图 4-8b 所示，由于试样越压越扁，则横截面积不断增大，试样抗压能力也随之提高，故曲线是持续上升为很陡的曲线。低碳钢试样压缩时同样存在弹性极限、比例极限、屈服极限，而且数值和拉伸所得的相应数值差不多，但是在屈服时却不像拉伸那样明显，需细心观察，材料在发生屈服时对应的荷载为屈服负荷 $F_{屈服}$。随着缓慢均匀加载，低碳钢受压变形增大而不破裂，越压越扁。横截面增大时，其实际应力不随外荷载增加而增加，故不可能得到抗压负荷 $F_{强度}$，因此也得不到强度极限 σ_b，一般测试低碳钢的机械性能不用压缩实验。在实验中过程中也是以变形或负荷来控制加载的。

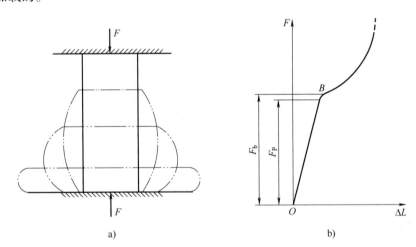

图 4-8 低碳钢压缩

a) 低碳钢压缩时的鼓胀效应 b) 低碳钢压缩曲线

低碳钢压缩实验时得到的压缩图（即 $F\text{-}\Delta L$ 曲线）如图 4-9 所示，超过屈服之后，低碳钢试样由原来的圆柱形逐渐被压成鼓形。继续不断加压，试样将越压越扁，横截面面积不断增大，试样抗压能力也不断增大，故总不被破坏。

根据实验时得到的屈服拉力 $F_{屈服}$，计算低碳钢压缩屈服极限：

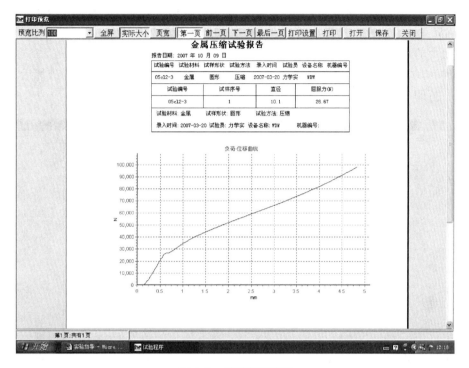

图 4-9　低碳钢压缩图

$$\sigma_{\text{s}} = \frac{F_{\text{屈服}}}{A}$$

2. 灰铸铁压缩实验

灰铸铁试样的断裂有两特点：一是断口为斜断口，如图 4-10 所示；二是按 F_{b}/A_0 求得的 σ_{b} 远比拉伸时高，大致是拉伸的 3~4 倍。为什么像铸铁这种脆性材料的抗拉与抗压能力相差这么大呢？这主要与材料本身情况（内因）和受力状态（外因）有关。铸铁试样压缩时，在达到抗压负荷 F_{b} 前出现较明显的变形然后破裂，铸铁试样最后会略呈鼓形，断口的方位角为 45°~55°，其主要原因是由剪应力引起的。断口倾角略大于 45°，而非最大剪应力所在截面，这是由于试样两端存在摩擦力造成的。

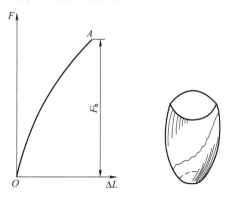

图 4-10　铸铁破坏形式

铸铁压缩实验，应力和应变之间无明显的直线阶段和屈服阶段，但是有塑性变形，断口约为螺旋45°方向。弹性模量通常以某一应力的割线来度量。所以铸铁压缩时主要是剪切破坏，受到最大剪切力，由此可见脆性材料的抗剪切强度大于抗拉伸强度。

实验时，观察灰铸铁试样在压缩过程中的现象，尤其是断口形状。试样破坏后，试验机自动停机，打印 F-ΔL 曲线和实验数据（图4-11）。

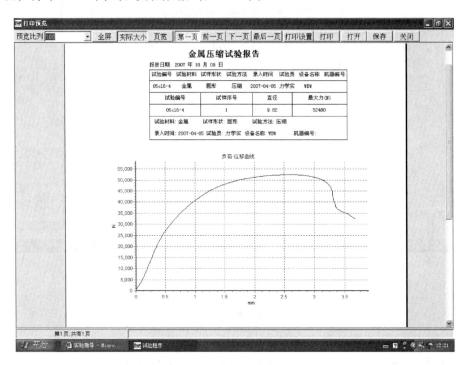

图4-11　铸铁压缩曲线

依据在实验中得到的最大抗力 $F_{强度}$，计算灰铸铁压缩强度极限：

$$\sigma_{\mathrm{b}} = \frac{F_{强度}}{A}$$

4.2.6　实验步骤

1. 打开试验机、计算机和打印机电源。

2. 识别试样材质。

1）观察试样的表面质量。表面质量较好的试样为低碳钢压缩试样，反之为铸铁压缩试样。

2）若两根试样都生锈，不易观察出试样的材质时，任意拿一根试样往地面上摔，试样发出大而清脆的声音为低碳钢压缩试样，反之为铸铁压缩试样。

3. 测量压缩试样的尺寸。

由于材料的某些性能与试样的尺寸及形状有关，为了使不同材料的试验结果能互相比较，试验材料必须按国家标准做成标准试样或比例试样，如图4-7所示。d 为试样原始直径；h 为试样长度，通常取 $h = (1 \sim 2)d$。

4. 安装试样及设置采集软件参数。

具体方法和步骤参考 3.1 节内容。

5. 开动电子万能试验机开始实验，注意观察实验过程中试样的变化现象，实验结束后打印实验结果，实验过程中只要不出现意外情况，都不中断实验过程，当试验机运行参数达到预先设定的结束条件时会自动停机结束实验。

6. 取出试样，观察试样断口形状。

7. 所有实验结束后关闭计算机、打印机和万能试验机电源，整理好实验器材后离开实验室。

4.2.7　实验结果处理

以表格形式处理实验结果，计算出低碳钢的 σ_s 和铸铁的 σ_b，最后写出实验报告，要求所有实验数据都通过"智能型实验报告批改系统"提交，系统自动批改后获得实验成绩。

1. 低碳钢试样

计算屈服极限

屈服极限 σ_s	$\sigma_s = \dfrac{F_s}{A_0} = \qquad$ MPa

2. 铸铁试样

计算强度极限

强度极限 σ_b	$\sigma_b = \dfrac{F_b}{A_0} = \qquad$ MPa

4.2.8　预习思考题

1. 压缩试样为什么比拉伸试样设计得短？
2. 压缩时为什么必须将试样对准试验机压头的中心位置，若没有对准会产生什么影响？
3. 低碳钢和铸铁压缩时力学性能有什么区别？
4. 分析两种试样压缩后的变形及破坏形式，说明压缩时塑性材料和脆性材料力学性能的不同。

4.3　扭转实验

4.3.1　实验概述

工程中承受扭转的构件很多，如各类电动机轴、传动轴等。材料在扭转变形下的力学性能，如剪切屈服极限 τ_s、抗扭强度 τ_b、切变模量 G 等，是进行扭转强度计算和刚度计算的依据，故测定构件扭转变形的力学性能，对于工程中传动件的合理设计和选材具有重要意义。本实验介绍 τ_s、τ_b 的测定方法及扭转破坏的规律和特征。

低碳钢扭转实验

4.3.2　实验目的

1. 当试样受扭转力偶的作用时，观察试样受力和变形的行为。
2. 观察塑性材料和脆性材料不同的破坏方式。
3. 了解并掌握扭转试验机和多功能实验台的工作原理及使用方法。

铸铁扭转实验

4.3.3　实验仪器与设备

扭转试验机、计算机、打印机。

4.3.4　扭转试样

根据国标 GB/T 10128—2007《金属材料　室温扭转试验方法》，采用圆柱形试样，试样头部形状和尺寸应适应试验机夹头夹持，推荐采用直径为 10mm，标距分别为 50mm 和 100mm，平行长度分别为 70mm 和 120mm 的试样；如采用其他直径的试样其平行长度应为标距加上两倍直径。如图 4-12 所示，在试样表面画上一条纵线，以便观察试样的扭转变形，对于铸铁试件，因为在扭转变形较小的情况下就发生破坏，故无须在试件的表面上画纵线。

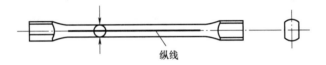

纵线

图 4-12　扭转试样

4.3.5　实验原理

试样承受扭矩时，材料处于纯剪切应力状态，是拉伸与压缩作用以外的又一重要应力状态，常用扭转实验来研究不同材料在纯剪切应力状态下的力学性质。

低碳钢试样在发生扭转变形时，其 $T\text{-}\varphi$ 曲线如图 4-13 所示，类似低碳钢拉伸实验，可分为四个阶段：弹性阶段、屈服阶段、强化阶段、断裂阶段，相应地有三个强度特征值：剪切比例极限、剪切屈服极限、剪切强度极限。对应这三个强度特征值的扭矩依次为 T_p、T_s、T_b。

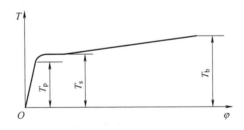

图 4-13　低碳钢 $T\text{-}\varphi$ 曲线

在比例极限内，T 与 φ 呈线性关系，材料完全处于弹性状态，试样横截面上的剪应力沿半径线性分布。如图 4-14a 所示，随着 T 的增大，开始进入屈服阶段，横截面边缘处的剪应力首先到达剪切屈服极限，而且塑性区逐渐向圆心扩展，形成环塑性区，如图 4-14b 所示，但中心部分仍然是弹性的，所以 T 仍可增加，T-φ 的关系成为曲线。直到整个截面几乎全是塑性区，如图4-14c 所示。

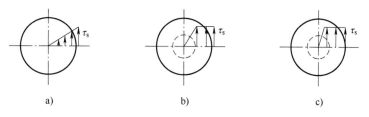

图 4-14　低碳钢圆轴试件扭转时的应力分布示意图

在 T-φ 出现屈服平台，采集软件自动采集出屈服扭矩 T_s，试样抗扭截面模量为 W_p，则低碳钢扭转的剪切屈服极限值可由下式求出：

$$\tau_s = \frac{3}{4}\frac{T_s}{W_p}$$

屈服阶段过后，进入强化阶段，材料的强化使扭矩缓慢上升，但变形非常明显，试样的纵向画线变成螺旋线，直至扭矩到达极限扭矩值 T_b，进入断裂阶段，试件被剪断，则低碳钢扭转的剪切强度极限可近似由下式求出：

$$\tau_b = \frac{3}{4}\frac{T_b}{W_p}$$

铸铁试样受扭时，在很小的变形下就会发生破坏，其扭转图如图4-15 所示。

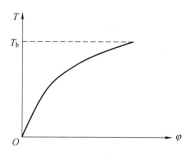

图 4-15　铸铁材料的扭转图

从扭转开始直到破坏为止，扭矩 T 与扭转角近似成正比关系，且变形很小，横截面上剪应力沿半径为线性分布。试样破坏时的扭矩即为最大扭矩 T_b，铸铁材料的扭转强度极限为

$$\tau_b = \frac{T_b}{W_p}$$

试样受扭，材料处于纯剪切应力状态，在试样的横截面上作用有剪应力，同时在与轴线成 $\pm45°$ 的斜截面上，会出现与剪应力等值的主拉应力和主压应力，如图4-16 所示。

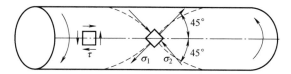

图 4-16　试样受扭时纯剪切应力状态

低碳钢试样和铸铁试样的扭转破坏断口形貌有很大的差别。图 4-17a 所示低碳钢试样的断面与横截面重合，由拉伸实验知低碳钢塑性较好，抗剪能力差，故结合图 4-16 的应力状态分析可知，任一点必有 $\sigma_1 = \tau$，$\sigma_2 = 0$，$\sigma_3 = -\tau$，且 $\tau_{\max} = \tau$，则断面是最大切应力作用面，断口较为平齐，属剪切破坏；图 4-17b 所示铸铁试样的断面则是与试样轴线成 45°角的螺旋面，故由应力状态分析可知，断面是最大拉应力作用面，断口较为粗糙，这是最大拉应力造成的拉伸断裂破坏。

图 4-17　低碳钢试样和铸铁试样的扭转端口形状

4.3.6　实验步骤

1. 测量试样尺寸。
2. 将试样安装于活动夹头中。
3. 开电机，转动活动夹头，使试样转动到与固定夹头形状对齐，将试样插入固定夹头中，夹紧试样。
4. 启动计算机扭转实验程序，设置好实验参数，点击采集软件"开始"按钮开始实验。
5. 打印报告。
6. 观察试样的断口形状。

4.3.7　实验结果处理

以表格形式处理实验结果，计算出低碳钢的剪切屈服极限、剪切强度极限和铸铁的剪切强度极限，最后写出实验报告，要求所有实验数据都通过"智能型实验报告批改系统"提交，系统自动批改后获得实验成绩。

1. 低碳钢

计算剪切屈服极限和剪切强度极限

剪切屈服极限 τ_s	$\tau_s = \dfrac{3T_s}{4W_p} = \qquad$ %
剪切强度极限 τ_b	$\tau_b = \dfrac{3T_b}{4W_p} = \qquad$ %

2. 铸铁

计算剪切强度极限

剪切强度极限 τ_b	$\tau_b = \dfrac{T_s}{W_p} = \qquad$ %

4.3.8 预习思考题

1. 分析低碳钢和铸铁扭转破坏的形式和原因。
2. 分析低碳钢拉伸与扭转屈服过程有何不同？

4.4 低碳钢拉伸时弹性模量 E 和泊松比 μ 的测定实验

4.4.1 概述

弹性模量和泊松比反映了材料的弹性性能，是非常重要的材料参数。其测定工作十分重要，测试方法也很多，如引伸计法、千分表法、电测法、绘图法、自动检测法。目前较常用的是引伸计法、电测法、绘图法和自动检测法。本实验介绍双向引伸计测定材料的弹性模量和泊松比。

弹性模量和
泊松比测定实验

4.4.2 实验目的

1. 学习使用双向引伸计测量材料的弹性模量 E 和泊松比 μ。
2. 学习使用电阻应变仪。
3. 熟悉微控万能试验机的使用。

4.4.3 实验仪器与设备

微控万能试验机、电阻应变仪、双向引伸计、试样。

4.4.4 圆形拉伸试样

根据国标 GB/T 22315—2008《金属材料　弹性模量和泊松比试验方法》，可采用圆形或矩形拉伸、压缩试样。本实验中采用圆形拉伸试样，按 GB/T 228.1—2010 附录 C 的规定，试样夹持端与平行段间的过渡部分半径应尽量大，试样平行长度应至少超过标距长度加上 3 倍的试样直径或宽度。

4.4.5 实验原理

双向引伸计是用于测量材料拉伸试样变形的一种装置，其特点是能同时测量试样的轴向应变和横向应变。双向引伸计外形结构及与试样的安装关系如图 4-18 所示。由于双向引伸计的安装过程极易对其测试精度产生影响，教学中安装工作一般由指导教师完成，在此不详细介绍其装夹过程。双向引伸计主要由 A、B、C、D 杆，主体和弓形曲板组成。图 4-18 中 A、C 杆间和 B、D 杆间用于测量试样轴向应变量，弓形曲板是测量试样横向应变的弹性元件。

当试样承受轴力伸长时，装夹在试样上的双向引伸计的 A、C 杆和杆悬臂距离随之变化，由于 C 杆和 D 杆的刚度大，可以认为不变形，而 A 杆和 B 杆在轴向厚度很小，因此试样受力后的伸长量引起 A 杆和 B 杆的弯曲变形，在 A 杆和 B 杆的根部粘贴有应变片，并组成电桥。当杆产生弯曲变形时，电桥就有电信号输出，经过换算可以得到试样的纵向应变值。试样承受轴向拉伸后，横向尺寸要减小，即杆及杆间的距离缩短，这时贴在弓形曲板上的应变片被拉伸，电桥就有电信号输出，经换算后可以得到试样的横向应变值。

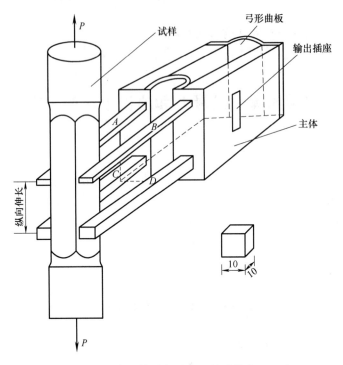

图 4-18　双向引伸计与试件（尺寸单位：mm）

实验加载方式，采用加一初载后，按等量荷载递增加载的方法，其每次的荷载增量为一常值 ΔF。在每一级荷载下，电阻应变仪输出纵向应变值和横向应变值，进而可得与 ΔF 对应的纵向应变增量 $\Delta\varepsilon_纵$ 和横向应变增量 $\Delta\varepsilon_横$。为了保证测量的可靠性，需重复做 3 次实验，选其中一次线性较好的数据，利用逐差法计算平均应变值 $\Delta\varepsilon_{纵平}$ 与 $\Delta\varepsilon_{横平}$。

平均应变量必须乘以转换系数，才能得到试样的真实应变增量，即

$$\Delta\varepsilon_纵 = K_纵\Delta\varepsilon_{纵平}$$

$$\Delta\varepsilon_横 = K_横\Delta\varepsilon_{横平}$$

注意式中的 $K_纵$ 和 $K_横$，对于每一只双向引伸计来说都不相同。

从而可以计算出材料的弹性模量 E 和泊松比 μ：

$$E = \frac{\Delta F}{\Delta\varepsilon_纵 A} \quad \mu = \left|\frac{\Delta\varepsilon_横}{\Delta\varepsilon_纵}\right|$$

4.4.6　实验步骤

1. 应变仪调试。

1）把双向引伸仪装卡在试样上，再把试样夹持于万能试验机的上、下拉伸夹头中。

2）把双向引伸仪的引线 A、B、C、D 接于应变仪背板 A、B、C、D 柱上。打开应变仪电源。

3）用螺钉旋具调节调零电位器，使其显示值为零或 $\pm5\mu\varepsilon$ 均可。

4）应变仪调试工作结束后，等待加载读数。

2. 万能试验机调试。

1）打开试验机和计算机电源，按操作步骤使万能试验机进入工作状态（查阅第 1 章相关内容）。

2）把横梁速度设置为 1mm/min。

3）做实验时，直接用远程盒上的上升键 "▲"、下降键 "▼" 和停机键 "■" 来控制万能试验机。

3. 逐级加载。

$$5kN \rightarrow 10kN \rightarrow 15kN \rightarrow 20kN$$

4. 开始实验。

1）按下降键 "▼" 进行加载，屏幕上显示出所规定荷载值时，按停机 "■" 键，在应变仪上分别读出纵向应变值和横向应变值。

2）重复上面的操作方法，按照加载顺序继续加载（到 20kN 为止），读取纵向、横向应变值。

3）为了保证实验数据的可靠性，须重复进行 3 次实验，选取其中一次线性较好的数据进行计算。

4）实验完毕。按上升键 "▲" 进行卸载，把荷载卸到零时立即停机，松开下拉伸夹头，关闭万能试验机和应变仪电源，并拔下墙上电源插头。

4.4.7　实验结果处理

根据记录表记录的各级加载数据，得到各级增加量的差值，然后计算出这些差值的算术平均值，再由前述的计算公式算出弹性模量 E 和泊松比 μ。最后写出实验报告，要求所有实验数据都通过 "智能型实验报告批改系统" 提交，系统自动批改后获得实验成绩。

4.4.8　预习思考题

1. 试样尺寸和形状对实验结果有无影响？

2. 为什么要采用等量逐级加载法进行实验？逐级加载与一次加载到最终荷载所得出的弹性模量是否相同？

3. 实验时为什么要加初荷载？加初荷载与不加初荷载对实验结果有何影响？

4. 测定 E 值时，最大荷载如何确定？为什么应力不能超过比例极限？

5. 电阻应变仪是以什么原理制造的？专门用来测试何种参量？能否直接测量得 "应力"？

4.5　矩形梁纯弯曲时横截面正应力电测实验

4.5.1　概述

梁是工程中常见的承载构件，如桥式吊车的大梁可以简化为两端铰支的简支梁，在起吊重量（集中力）及大梁自重（均布荷载）的作用下，大梁将发生弯曲变形。因此有必要来研究梁的应力分配情况。由应力的定义可知，应力是无法直接测量的，只能通过测量构件承载后产生的变形即应

纯弯曲梁的正应力电测实验

变。当构件工作在材料的弹性范围内时，可以由胡克定律得到对应的应力值。

4.5.2 实验目的

1. 学习电阻应变仪的使用及应变测试技术。
2. 测量纯弯曲梁上应变随高度的分布规律，验证平面假设的正确性。

4.5.3 仪器设备

XL3418C 材料力学多功能实验装置、DH3818-4 静态应变仪。

4.5.4 实验原理

纯弯曲梁电测实验装置（图 4-19）由纯弯曲梁、纯弯曲梁加载附件、加载传力机构、加载手轮、加载传感器等组成。

为了测量应变随试件截面高度的分布规律，应变片的粘贴位置如图 4-20 所示。这样可以测量试件上下边缘处的最大应变和中性层无应变的特殊点及其他中间点，便于了解应变沿截面高度变化的规律，根据材料力学中弯曲梁的平面假设，正应力沿着梁横截面高度是线性分布的，为了验证这一分布规律，故在梁的纯弯曲段内自上而下粘贴 5 个电阻应变片。

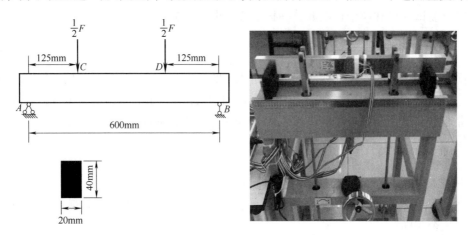

图 4-19　纯弯曲梁电测实验装置

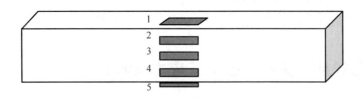

图 4-20　应变片粘贴位置

$3^\#$ 片在中性层处，$1^\#$、$2^\#$、$4^\#$、$5^\#$ 片距离中性层的位置如图 4-20 所示，分别为 -20mm、-10mm、10mm、20mm。加载时由应变仪测出读数即可知道沿着横截面高度的正应力分布规律。

已知试样受纯弯时的正应力公式为

$$\sigma = \frac{My}{I_z}$$

式中，M 为横截面上的弯矩；I_z 为梁横截面对中性轴 z 的惯性矩；y 为由中性轴到欲求应力点的距离。

本实验在施加初荷载后，采用逐级等量加载的方法，每次增加等量的荷载 ΔF，测定各点相应的应变增量 $\Delta \varepsilon$，利用逐差法分别计算应变增量的平均值 $\Delta \varepsilon_{\text{实平}}$，求出各测点应力 $\Delta \sigma_{\text{实}}$。

$$\Delta \sigma_{\text{实}} = E \cdot \Delta \varepsilon_{\text{实平}}, \quad \Delta \sigma_{\text{理}} = \frac{\Delta M \cdot y}{I_z}$$

把 $\Delta \sigma_{\text{实}}$ 与理论公式计算的应力 $\Delta \sigma_{\text{理}}$ 加以比较，从而可验证公式的正确性，上述理论公式的 ΔM 按下式求出：

$$\Delta M = \frac{1}{2} \Delta F \times 125 \quad (\text{N} \cdot \text{mm})$$

4.5.5　实验步骤

1. 将托块摆放在承重方箱的两侧，托块中心与承重方箱上标尺 300mm 刻度线对齐，两托块支撑距离约为 600mm，吊环与支撑点距离约为 125mm（出厂默认值）；将传感器安装到加载上下移动滑块上，锥形压头装到传感器上。调整实验台 4 个底脚上的调节螺栓，使锥形压头对准承重梁的中间 V 豁口。检查实验梁，如已摆好，可直接进行下一步；如稍有偏差可以微调。

2. 在未施加荷载之前，将测点 1~5 和测力通道清零。

3. 按照指示方向旋转手柄对试件施加荷载，采用逐级加载法，加载顺序为

$$F_1 = 1000\text{N}, \quad F_2 = 2000\text{N}, \quad F_3 = 3000\text{N}, \quad F_4 = 4000\text{N}$$

4. 每施加一级荷载，通过"确认"按钮切换通道，分别记录 5 个测点的应变值（注意符号），5 个通道读完后，重新切换到"1"通道。完成 4 级荷载后，计算出读数差与平均读数差。

5. 重复上述步骤做三次实验。

6. 选出线性较好的一次数据，代入正应力公式，分别计算出 5 个测点的正应力，并与理论值进行比较。

4.5.6　实验结果处理

1. 求出各测量点在等量荷载作用下，按逐差法计算的应变增量的平均值。

2. 以各测点位置为纵坐标、应变增量为横坐标，画出应变（或应力）随试样高度变化曲线。

3. 根据各测点应变增量的平均值，可计算出测点的应力值。

4. 根据实验装置的受力图和截面尺寸，应用弯曲应力的理论公式，可计算出在等量荷载作用下，各测点理论应力值。

5. 比较试样上下边缘的理论计算值和实验测定值，并计算相对误差，其计算公式为

$$\frac{\Delta \sigma_{\text{理}} - \Delta \sigma_{\text{实}}}{\Delta \sigma_{\text{理}}} \times 100\%$$

6. 比较梁中性层的应力。由于电阻应变片是测量一个区域内的平均应变，粘贴时又不可能刚好贴到中性层上，所以只要实测的应变是一个很小的数值，就认为测试是可靠的。

最后写出实验报告，要求所有实验数据都通过"智能型实验报告批改系统"提交，系统自动批改后获得实验成绩。

4.5.7 预习思考题

1. 影响实验结果准确性的主要因素是什么？

2. 在中性层上理论计算应变值 $\varepsilon_{理}=0$，而实际测量值 $\varepsilon_{实}\neq0$，这是为什么？它与相邻两个电阻应变片的数据有何关系？

3. 如果矩形梁上、下表面两个应变片的实测值不同，试分析产生的原因。

4.6 金属材料剪切模量测试实验

4.6.1 概述

剪切模量又称切变模量或刚性模量，是材料在剪切应力作用下，在弹性变形比例极限范围内，切应力与切应变的比值。剪切模量是材料的力学性能指标之一，它表征材料抵抗切应变的能力。剪切模量大，则表示材料的刚性强。

4.6.2 实验目的

用电测法测定金属材料的剪切模量 G。

4.6.3 仪器设备

多功能试验装置中弯扭组合部件、XL2118 系列静态电阻应变仪、游标卡尺和钢尺。

4.6.4 实验原理

在剪切比例极限内，由扭转引起的切应力与切应变成正比，即满足材料的剪切胡克定律，其表达式为

$$\tau = G\gamma$$

式中，比例常数 G 即为材料的剪切模量。

由上式可得

$$G = \frac{\tau}{\gamma}$$

式中，τ 和 γ 均可通过实验测得，其测试方法如下。

1）τ 的测定试样贴应变片处为空心圆管，横截面上的内力如图 4-21 所示，试样粘贴应变片处的切应力为

$$\tau = \frac{T}{W_T}$$

式中，T 为扭矩，$T=Pa$，a 为扇形臂长度；W_T 为空心圆筒的抗扭截面系数。

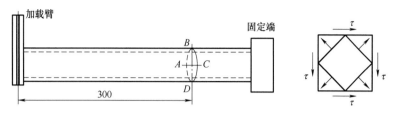

图 4-21　贴片及受力简图

2）γ 的测定使用弯扭试样上与轴线成 $\pm 45°$ 方向的两片应变片，组成半桥形式接到应变仪上，从应变仪上读出应变值 ε_r。根据电桥特性可知

$$\varepsilon_r = \varepsilon_{+45°} - \varepsilon_{-45°}$$

当圆轴表面上任一点为纯剪切应力状态时；根据广义胡克定律有

$$\frac{\varepsilon_{+45°} - \varepsilon_{-45°}}{2} = \frac{1}{E}\left[\tau - \mu(-\tau)\right] = \frac{1+\mu}{E}\tau = \frac{\tau}{2G} = \frac{\gamma}{2}$$

因此，有 $\gamma = \varepsilon_r$，综合上述各式有

$$G = \frac{T}{W_T \varepsilon_r}$$

实验中采用 $45°$ 直角应变花，在 A、B、C、D 点各贴一组应变花（图 4-22），实验接桥采用半桥方式。

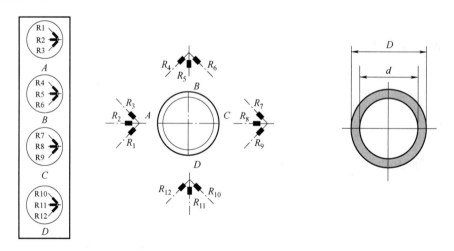

图 4-22　测点应变花布置

4.6.5　实验步骤

1. 设计好本实验所需的各类数据表格。

2. 测量悬臂梁的有关尺寸，确定试件有关参数。

3. 拟订加载方案，可选取适当的初荷载 P_0，估算最大荷载 P_{max}（该实验荷载范围 $\leqslant 700\,N$），一般分 $4 \sim 6$ 级加载。

4. 实验采用半桥邻臂接线法，将 $\pm 45°$ 方向的两片应变片接到电阻应变仪上。

5. 调整好仪器，检查整个测试系统是否处于正常工作状态。

6. 均匀慢速加载至初荷载 P_0，记下各点应变片初读数，然后逐级加载，每增加一级荷载，依次记录各点应变仪的 $\varepsilon_{\mathrm{id}}$，直至终荷载。

7. 重复以上加载步骤至少三次，并记录相应数据。

4.6.6 实验结果处理

1. 记录加载过程的荷载和应变仪读数。

荷载/N		P								
		ΔP								
应变仪读数 $\mu\varepsilon$	切应变	ε_{p}								
		$\Delta\varepsilon_{\mathrm{p}}$								
		$\overline{\Delta\varepsilon_{\mathrm{p}}}$								

2. 实测切变模量值计算：

$$G = \frac{T}{W_{\mathrm{T}}\varepsilon_{\mathrm{r}}}$$

实验值与理论值比较：

比较内容	实验值	理论值	相对误差（%）
G/MPa			

4.6.7 预习思考题

1. 还有什么方法可以测定剪切模量？

2. 扭转试样各点受力和变形并不均匀，为什么能由它验证切应力与切应变之间的线性关系？

4.7 / 贴片与组桥电测实验

4.7.1 概述

应变电测方法广泛应用于工程检测中，是结构强度校核的重要技术手段。应变片型号尺寸繁多，如何选择合适的应变片是工程测量中非常重要的一步，贴片质量直接影响测试结果与精度。应变电测原理已在 3.4 节中介绍应变仪时提及，应变仪可直接读取应变结果，本节中的组桥电测实验将引导学生不使用应变仪进行应变测试，加深对应变电测原理的理解与认识。

4.7.2 实验目的

1. 掌握应变片选择的基本原则。

2. 掌握贴片方法和步骤。

3. 进一步了解组桥方法和应变电测原理。

4.7.3　仪器设备

XL3418C 材料力学多功能实验台、高精度万用表、固定电阻（120Ω）、应变片、端子、导线、烙铁、焊锡、胶水、砂纸、刻线工具、酒精棉等。

4.7.4　实验原理

应变片的选择要遵守两个原则：

1）尺寸原则，选择的应变片尺寸不能大于待测应变区域的尺寸；

2）均匀性原则，保证应变片覆盖范围内的材料是均匀的，例如金属材料可以采用小尺寸的应变片，而混凝土材料只能选用大尺寸的应变片，因为混凝土只有在较大的尺寸范围内才能认为是均匀的。

贴片步骤可参考本书二维码链接资源，其主要步骤如下：1）应变完整性、正反面和电阻检查；2）确定测点、编号；3）打磨与清洗，注意打磨的方向须与应变测试方向呈45°角，清洗时需要单向重复擦洗；4）刻线确定贴片方向；5）贴片过程中需要反复挤压应变片，将多余的胶水挤出；6）检查应变片电阻是否有变化；7）贴端子并焊线，建议将端子紧挨着应变片安放，防止导线与待测金属结构接触导致短路；8）连接测试电路。

根据 3.4 节介绍的应变电测原理，按照图 4-23 连接桥路，图中 R_1 为应变片，$R_2 \sim R_4$ 为固定电阻。使用高精度万用表测试在加载过程中电路电压变化 ΔU，根据式（4-1）计算出应变值。

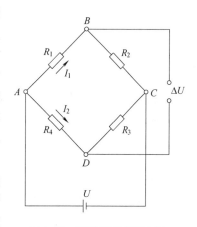

图 4-23　惠斯通单臂桥解法

$$\varepsilon = \frac{4\Delta U}{UK} \tag{4-1}$$

4.7.5　实验步骤

1. 按照前述的贴片步骤，在 XL3418C 材料力学多功能实验台的纯弯梁跨中截面布置测点、贴片并连接桥路。

2. 按照 1kN→2kN→3kN→4kN 的荷载进行加载。

3. 在加载过程中使用万用表测试电路电压变化，记录实验数据。

4.7.6　实验结果处理

1. 参考纯弯梁电测实验自行设计数据记录与处理表格。

2. 计算出应变值并与理论结果进行比较，计算相对误差。

3. 比较单臂多点测量实验值之间的关系。

4.7.7　预习思考题

1. 在组桥进行应变电测之前，是否需要保证桥路处于平衡状态？如果需要，如何保证？

2. 使用本实验方法进行应变测试时，保证供桥电压 U 在测试过程中不发生变化是否是最关键的？

4.8 应变片灵敏系数标定实验

4.8.1 概述

电阻变化率 $\Delta R/R$ 和引起此电阻变化的构件表面在应变计轴线方向的应变之比，称为电阻应变片的灵敏系数。它表示电阻应变计输出信号与输入信号在数量上的关系，是电阻应变片的主要工作特性之一。因此，有必要掌握应变片灵敏系数的标定方法。

4.8.2 实验目的

掌握电阻应变片灵敏系数 K 的标定方法。

4.8.3 仪器设备

材料力学组合实验台中等强度梁实验装置与部件、XL2118 系列静态电阻应变仪、游标卡尺、钢直尺、千分表、三点挠度仪。

4.8.4 实验原理

在进行标定时，一般采用一单向应力状态的试样，通常采用纯弯曲梁或等强度梁。粘贴在试样上的电阻应变片在承受应变时，其电阻相对变化 $\Delta R/R$ 与 ε 之间的关系为

$$\frac{\Delta R}{R} = K\varepsilon$$

因此，通过测量电阻应变片的 $\Delta R/R$ 和试样 ε，即可得到应变片的灵敏系数 K。本实验采用等强度梁实验装置，如图 4-24 所示。

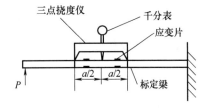 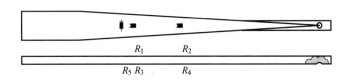

图 4-24 等强度梁灵敏系数标定安装及外形图

在梁等强度段上、下表面沿梁轴线方向粘贴 4 片应变片，在等强度梁等强度段安装一个三点挠度仪。当梁弯曲时，由挠度仪上的千分表可读出测量挠度（即梁在三点挠度仪长度 a 范围内的挠度）。根据材料力学公式和几何关系，可求出等强度梁上下表面的轴向应变如下：

$$\varepsilon = \frac{hf}{(a/2)^2 + f^2 + hf}$$

式中，h 为标定梁高度；a 为三点挠度仪长度；f 为挠度。

应变片的电阻相对变化 $\Delta R/R$ 可用高精度电阻应变仪测定。设电阻应变仪的灵敏系数为 K_0，读数为 ε_d，则

$$\frac{\Delta R}{R} = K_0 \varepsilon_d$$

因此由前面的式子可得到应变片灵敏系数

$$K = \frac{\Delta R/R}{\varepsilon} = \frac{K_0 \varepsilon_d}{hf} \left[\left(\frac{a}{2} \right)^2 + f^2 + hf \right]$$

在标定应变片灵敏系数时，一般把应变仪的灵敏系数调至 $K_0 = 2.00$，并采用分级加载方式，测量在不同荷载下应变片的读数应变 ε_d 和梁在三点挠度仪长度 a 范围内的挠度 f。

4.8.5　实验步骤

1. 测量等强度梁的有关尺寸和三点挠度仪长度 a。

2. 采用分级加载方案，确定三点挠度仪上千分表的初读数，估算最大荷载 P_{max}（该实验荷载范围 $\leqslant 50N$），确定三点挠度仪上千分表的读数增量，一般分 4~6 级加载。

3. 实验采用多点测量中半桥单臂公共补偿接线法，即将等强度梁上各点应变片按序号接到电阻应变仪测试通道上，温度补偿片接电阻应变仪公共补偿端，调节好电阻应变仪灵敏系数。

4. 检查各仪器及整个测试系统是否处于正常工作状态。

5. 均匀慢速加载至初荷载 P_0，记下各点应变片和三点挠度仪的初读数，然后逐级加载，每增加一级荷载，依次记录各点应变仪的 ε_i 及三点挠度仪的 f_i，直至终荷载。

6. 重复以上加载步骤至少三次，并记录相应数据。

4.8.6　实验结果处理

1. 取应变仪读数应变增量的平均值，计算每个应变片的灵敏系数 K_i：

$$K_i = \frac{\Delta R/R}{\varepsilon} = \frac{K_0 \varepsilon_d}{hf} \left(\frac{a^2}{4} + f^2 + hf \right), \quad i = 1,2,3,4$$

2. 计算应变片的平均灵敏系数 K 及标准差 S：

$$K = \frac{\sum K_i}{n}, \quad i = 1,2,3,4; n = 4$$

$$S = \sqrt{\frac{1}{n-1} \sum (K_i - K)^2}, \quad i = 1,2,3,4; n = 4$$

4.8.7　预习思考题

1. 为什么采用分级加载？
2. 影响实验结果准确性的主要因素是什么？

第 5 章 综合型实验

材料力学综合型实验，一般其理论基础与运用具有高阶性，或包含的知识点较多，具有复合性；实验设计、采用的仪器设备或实验技术等方面有较大差异，不具统一性；涉及的实验对象或装置也依据具体的实验内容各有不同的特点和特色；实验过程、现象、数据与分析等复杂性较强。这类实验项目多依据各自实验教学开展情况，有选择性地作为必修或限选教学内容。

本章共介绍 6 个综合型实验：薄壁圆管弯扭组合电测实验、压杆稳定性实验、偏心拉伸实验、材料疲劳实验、梁弯曲截面内力要素测定实验、应力集中系数测定实验。

5.1 薄壁圆管弯扭组合电测实验

5.1.1 实验概述

在工程中受弯扭组合作用的构件比比皆是。比如冷加工用的车床主轴，由于车刀在车削工件时对工件产生径向力和切向力，使得主轴承受弯矩和扭矩作用；又如在骑自行车时，由于脚对踏板的作用，使中轴承受弯、扭复合力矩的作用。一般来说，对复合受力构件，其截面上的内力既有弯矩和剪力，又有扭矩，有时还有轴力。所以，复合受力条件下的构件处于较为复杂的状态。对这类构件，工程中一般要解决下列两类问题：

弯扭组合
电测实验

1）强度校核：测定危险点的应力状态，确定主应力值和主方向。
2）优化设计：分离截面上的内力，确定各内力的贡献大小。

5.1.2 实验目的

1. 用应变电测方法测定平面应力状态下一点处的主应力。
2. 利用测量数据之间的关系来判断测试结果的正确性。
3. 进一步熟悉使用电阻应变仪的测量方法。

5.1.3 实验仪器与设备

XL3418C 材料力学多功能实验装置、DH3818-4 静态应变仪。

5.1.4 实验原理

1. 应变片布置

由图 5-1 可看出，A 点与 C 点单元体都承受由弯矩 M 产生的弯曲应力 σ_w 和由扭矩 M_t 产生的切应力 τ 的作用。B 点单元体处于纯剪切状态，其切应力由扭矩 M_t 和剪力 Q 两部分产生。这些应力可根据下列公式计算：

$$\sigma_w = \frac{|M|}{W_z}$$

$$W_z = \frac{\pi D^3}{32}(1 - \alpha^4)$$

$$\tau_t = \frac{M_t}{W_P}$$

$$W_P = \frac{\pi D^3}{16}(1 - \alpha^4)$$

$$\tau = \frac{QS_{zmax}}{bI_z} = 2\frac{Q}{A}$$

从上面分析看来，在试件的 A 点、B 点、C 点上分别粘贴一个三向应变片，如图 5-2 所示，就可以测出各点的应变值，并进行主应力的计算。

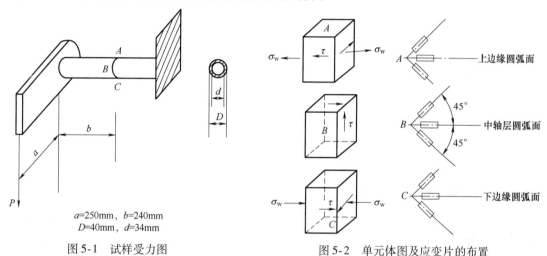

图 5-1 试样受力图

a=250mm，b=240mm
D=40mm，d=34mm

图 5-2 单元体图及应变片的布置

2. 实验主应力的计算

电阻应变片的应变测量只能测沿应变片轴线方向的线应变。按图 5-3 所示的应变片和坐标，能测得 x 方向（$-45°$）、y 方向（$45°$）和 $0°$ 方向的三个线应变 ε_x、ε_y、$\varepsilon_{0°}$。为了计算主应力还要利用平面应力状态下的胡克定律和主应力计算公式，即

$$\overline{\Delta\sigma_x} = \frac{E}{1 - \mu^2}\left(\overline{\Delta\varepsilon_{-45°}} + \mu\overline{\Delta\varepsilon_{45°}}\right)$$

$$\overline{\Delta\sigma_y} = \frac{E}{1 - \mu^2}\left(\overline{\Delta\varepsilon_{45°}} + \mu\overline{\Delta\varepsilon_{-45°}}\right)$$

$$\overline{\Delta\tau_x} = \frac{E}{1 + \mu}\left[-\overline{\Delta\varepsilon_{0°}} + \frac{1}{2}\left(\overline{\Delta\varepsilon_{-45°}} + \overline{\Delta\varepsilon_{45°}}\right)\right]$$

$$\overline{\Delta\sigma_{1,3}} = \frac{\overline{\Delta\sigma_x} + \overline{\Delta\sigma_y}}{2} \pm \sqrt{\left(\frac{\overline{\Delta\sigma_x} - \overline{\Delta\sigma_y}}{2}\right)^2 + \overline{\Delta\tau_x}^2}$$

$$\tan(-2\alpha) = \frac{2\overline{\Delta\tau_x}}{\overline{\Delta\sigma_x} - \overline{\Delta\sigma_y}}$$

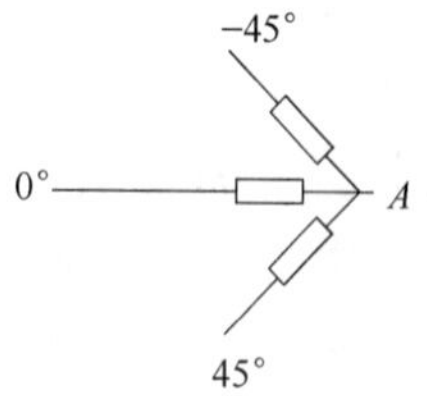

图 5-3 应变片和坐标

灵活运用上述公式计算时应注意应变片贴片的实际方向。

5.1.5　实验步骤

1. 试样 A、B、C 三点上的应变花，共 9 个应变片，对应应变仪通道 8~16。
2. 将测力通道及测点通道清零。
3. 通过加载手轮对试样施加荷载，采用逐级加载法，加载顺序为

$$P_1 = 100\text{N}, \quad P_2 = 200\text{N}, \quad P_3 = 300\text{N}, \quad P_4 = 400\text{N}$$

4. 每加一级荷载分别记录 9 个测点的应变值，并计算出读数差。
5. 重复上述步骤做三次实验。

5.1.6　实验结果处理

1. 选出线性较好的一次数据，代入公式，分别计算出 A、B、C 三点的主应力大小和方向，并与理论值进行比较。
2. 由半桥测量的轴向应变计算得到截面的弯矩，由全桥测量的扭转引起的应变算出扭矩。

5.1.7　预习思考题

1. 主应力测量时，直角应变花是否可以沿任意方向粘贴？为什么？
2. 电测实验中，采用半桥测量时，为什么要温度补偿片？全桥测量时，为什么不要温度补偿？

5.2　压杆稳定性实验

5.2.1　实验概述

横截面和材料相同的压杆，由于杆的长度不同，其抵抗外力的性质将发生根本的改变。短粗的压杆是强度问题，而细长的压杆是稳定问题。细长压杆的承载能力远低于短粗压杆，因此研究压杆的稳定性极为重要。按欧拉小挠度理论，对于理想大柔度杆（$\lambda > \lambda_\text{e}$），当轴向压力达到临界值 F_per 时，压杆的失稳破坏往往是突然发生的，危害性很大，因此压杆的稳定计算十分必要。对压杆的失稳现象应有足够的认识。

多功能力学
实验系统

建立在小挠度线性微分方程基础上的欧拉公式很好地解决了压杆的临界荷载的计算问题，但是超过临界荷载以后的性状问题并没有确定，而实际工程中此类问题常有待解决。本实验所用的实验台架（包括实验构件）、多功能实验系统均为自主研发。

压杆稳定
性实验

5.2.2　实验目的

1. 观察细长中心受压杆件丧失稳定的现象。
2. 用电测实验方法测定各种约束情况下试件的临界力 $F_{\text{cr}实}$，增强学生对压杆承载力及失稳的感性认识，加深对压杆承载特性的认识，理解压杆是实际压杆的一种抽象模型。

3. 将实测临界力 $F_{cr实}$ 与理论计算临界力 $F_{cr理}$ 进行比较，并计算其误差值：

$$\frac{F_{cr理} - F_{cr实}}{F_{cr理}} \times 100\%$$

5.2.3 实验仪器与设备

试验台、计算机、打印机、多功能力学实验系统、无线打印系统和其他配件。

5.2.4 实验原理

1. 试验台及其配件

多功能弹性压杆稳定试验台如图 5-4 所示，主要由立柱、压力传感器、顶板、背板、机电百分表、加力旋钮、试样和各种约束配件等组成。试样的截面尺寸和长度如图 5-5 所示，图中试样的长度与组合方式有关。

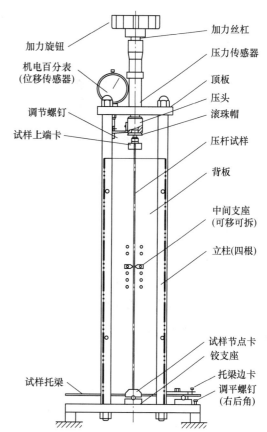

图 5-4 试验台结构图

2. 原理和方法

两端约束的杆件受轴向压力 P，当 P 很小时则承受简单压缩，假如人为地在试样任一侧面扰动让试样稍微弯曲，扰动力去掉后试样会自动弹回恢复原状，即试样轴线仍保持直线，说明此时试样处于稳定状态。假如逐渐给试样加载，当达到某一值 P_K 时，虽然扰动力去掉，但试样轴线不再恢复直线，会在任意微弯状态下保持平衡，此时试样即丧失了稳定性，荷载 P_K 即为临界值：

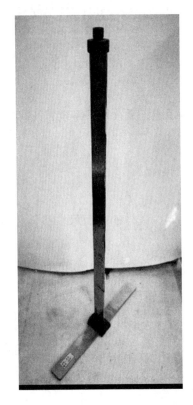
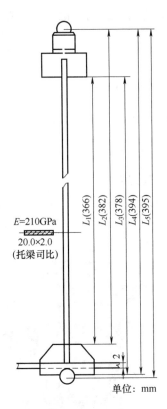

图 5-5　试样截面尺寸和长度

$$P_K = \frac{\pi^2 E I_{min}}{(\mu L)^2}$$

式中，I_{min} 为压杆截面最小惯性矩；E 为压杆弹性模量；L 为压杆长度；μ 为压杆长度系数，μ 随杆端约束情况而异，即 μL 是相当长度，即相当于两端球形铰支压杆的长度。

系统的上端部分是加载和测试位移部分。旋钮顺时针旋转为加载，其下的力传感器将加载力传输到实验系统的采集箱，进而传输至电脑。机电百分表固定在顶板上，其下的测试端会接触悬臂梁上的螺帽，当加力旋钮加载下压时，梁会由于试样下压而往下移动，因而机电百分表的测试端跟着向下走，测试到向下位移，数据通过采集箱传输到电脑。电脑在测试过程中便可绘制力-变形曲线。

该实验系统提供不同约束配件，可选择不同约束模式分别进行两端铰支、一端固定一端铰支、两端铰支中间固定、两端固定等状态下的压杆稳定试验。通过旋转加载手柄缓慢加载，当 F-ΔL 曲线趋于稳定后，则停止加载得到临界荷载。

5.2.5　实验步骤

1. 把压力传感器、机电百分表、计算机的连线与多功能力学实验系统接通。
2. 打开多功能力学实验系统、计算机、打印机、无线打印接收器电源。
3. 用鼠标在计算机屏幕上双击 "Muluttst" 文件，进入下一步。
4. 输入 "学号" 后，单击 "确定"，进入下一步。

5. 多功能试验系统如图 5-6 所示。该系统有压杆稳定、拉伸、应变及装置图形，若用鼠标单击"压杆稳定实验"，即可到下一步。

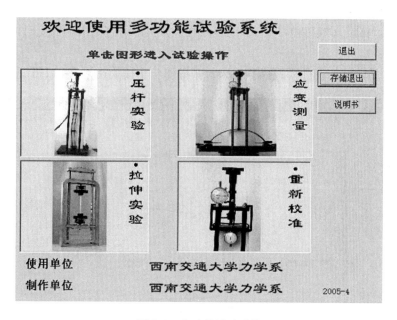

图 5-6   多功能试验系统

6. 压杆稳定实验模式如图 5-7 所示，图中所示模式为两端铰支（模式 1）、一端固定一端铰支（模式 2）、两端铰支中间固定（模式 3）、两端固定（模式 4）。用鼠标单击"两端铰支"进入下一步。

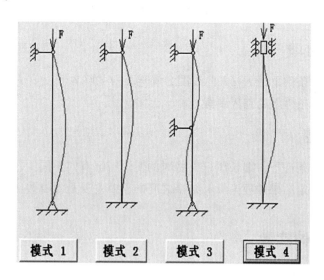

图 5-7   压杆稳定实验模式

7. 单击"试验准备"，即可安装试样，选坐标。

8. 用改刀把位移、荷载显示值调零，或调至较小值。

9. 单击"零点读数"。

10. 单击"开始试验",即可按顺时针方向转动手柄慢慢加载,发现承载力出现时,停止加载。

11. 单击"停止实验"。

12. 单击"打印"(只单击一次),无线网络打印机即可打出两端铰支时的 F-ΔL 曲线图(图 5-8)。

13. 卸载,重新装配其他模式进行实验,其操作步骤按上述第 5~12 步进行。

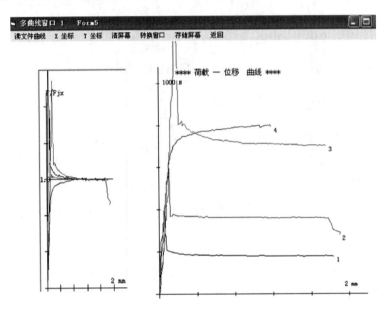

图 5-8 F-ΔL 曲线的可能形态

5.2.6 实验结果处理

1. 绘制各种支撑条件下的 F-ΔL 曲线图,确定相应的临界测试值 F。
2. 计算各种支撑条件下的临界荷载。

5.2.7 预习思考题

1. 不用约束支撑条件下,细长压杆失稳时的变形特征有何不同?
2. 压杆临界力测定结果和理论计算结果之间的误差主要是由哪些因素引起的?

5.3 偏心拉伸实验

5.3.1 实验概述

杆件承受偏心荷载是工程中常见的受力形式,在学习材料力学组合变形后,学生已掌握杆件受到偏心荷载的应力计算。本实验主要是对偏心荷载下构件的应力分布进行测试,加深对理论知识的理解和应用。

5.3.2　实验目的

1. 测定偏心拉伸时的最大正应力，验证叠加原理的正确性。
2. 分别测定偏心拉伸时由拉力和弯矩所产生的应力。
3. 进一步熟悉电测法及多点应变测量技术。

5.3.3　实验仪器与设备

多功能实验台、静态电阻应变仪、电阻应变片、游标卡尺、钢直尺。

5.3.4　实验原理

在外载荷作用下，偏心拉伸试样的轴力 $F_N = F$，弯矩 $M = Fe$，其中 e 为偏心距。根据叠加原理，得横截面上的应力为单向应力状态，其理论计算公式为拉伸应力和弯曲正应力的代数和，即

$$\sigma = \frac{F}{A_0} \pm \frac{6M}{hb^2}$$

偏心拉伸试样及应变片的布置方法如图 5-9 所示，R_1 和 R_2 分别为试样两侧上的两个对称点。则

$$\varepsilon_1 = \varepsilon_F + \varepsilon_M, \quad \varepsilon_2 = \varepsilon_F - \varepsilon_M$$

式中，ε_F 为轴力引起的拉伸应变；ε_M 为弯矩引起的应变。

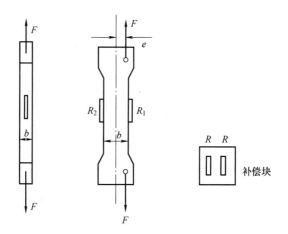

图 5-9　偏心拉伸试件及布片图

根据桥路原理，采用不同的组桥方式，即可分别测出与轴向力及弯矩有关的应变值。从而进一步求得弹性模量 E、偏心距 e、最大正应力和分别由轴力、弯矩产生的应力。

可直接采用半桥单臂方式测出 R_1 和 R_2 受力产生的应变 ε_1 和 ε_2，通过上述两式算出轴力引起的拉伸应变 ε_F 和弯矩引起的应变 ε_M；也可采用邻臂桥路接法直接测出弯矩引起的应变 ε_M（采用此接桥方式不需温度补偿片，接线如图 5-10a 所示）；采用对臂桥路接法可直接测出轴向力引起的应变 ε_F（采用此接桥方式需加温度补偿片，接线如图 5-10b 所示）。

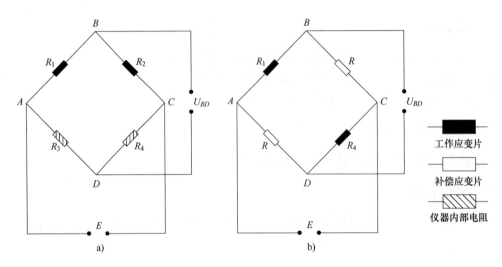

图 5-10 弯矩应变及轴向应变接线图

5.3.5 实验步骤

1. 在试样标距范围内，测量试样三个横截面尺寸，取三处横截面面积的平均值作为试样的横截面面积 A_0。

2. 拟定加载方案，可先选取适当的初荷载 F_0（一般取 $F_0 = 10\% \ F_{max}$ 左右，估算 $F_{max} \leqslant 4000\text{N}$），分 4~6 级加载。

3. 根据加载方案，调整好实验加载装置。

4. 选择适宜的接桥方案，并调整好仪器，检查整个测试系统是否处于正常工作状态。

5. 均匀缓慢加载至初荷载 F_0，记下各点应变的初始读数；然后分级等增量加载，每增加一级荷载，依次记录相应应变值，直到最终荷载。

6. 至少重复三次实验，并记录相关数据。

5.3.6 实验结果处理

1. 由测得的应变值根据胡克定律算出对应点的应力，以三次测量结果的平均值作为对应点的实测应力；按叠加原理计算各个测点应力的理论值，将其与实验结果进行比较。

2. 根据胡克定律，由轴向荷载引起的应力为

$$\sigma_F = E\varepsilon_F$$

以半桥单臂方式为例，令逐级加载的递增荷载为 ΔF，对应的 R_1 和 R_2 受力产生的应变的平均值分别为 $\Delta\bar{\varepsilon}_1$ 和 $\Delta\bar{\varepsilon}_2$，故对应的轴向拉伸应变平均值为

$$\Delta\bar{\varepsilon}_F = \frac{\Delta\bar{\varepsilon}_1 + \Delta\bar{\varepsilon}_2}{2}$$

因此，弹性模量计算如下：

$$E = \frac{2\Delta F}{A_0(\bar{\varepsilon}_1 + \Delta\bar{\varepsilon}_2)}$$

故偏心距为

$$e = \frac{Ehb^2}{12\Delta F}(\Delta\overline{\varepsilon}_1 + \Delta\overline{\varepsilon}_2)$$

5.3.7　预习思考题

1. 本实验还可以采用什么接桥方式?
2. 本实验方案中应力的实测值与理论值偏差的原因有哪些?

5.4　材料疲劳实验

5.4.1　实验概述

材料的疲劳行为是指其在低于静强度极限的交变荷载下发生破坏的行为。在给定循环荷载下,材料破坏所需的循环周次被称为疲劳寿命;在给定疲劳寿命下,材料承受的荷载称为疲劳强度,通常认为疲劳寿命为 1×10^7 次对应的荷载称为疲劳极限,并认为材料与构件在疲劳极限以下工作不会发生疲劳破坏。一般循环次数高于 5×10^4 次的为高周疲劳,低于 5×10^4 次的属于低周疲劳。在工程实际中,材料和构件不可避免地会受到循环交变荷载的作用,疲劳破坏形式很常见,据统计约占工程结构破坏的 70% 。因此,研究材料的疲劳行为是工程结构安全评估与设计的重要内容。

5.4.2　实验目的

1. 观察材料的疲劳现象。
2. 测试材料的 $S\text{-}N$ 曲线。

5.4.3　实验仪器与设备

高频疲劳试验机、游标卡尺。

5.4.4　实验原理

高频疲劳试验机提供的循环荷载如图 5-11 所示, $\sigma_{\max}$ 为应力峰值, $\sigma_{\min}$ 为应力谷值, σ_a 为应力幅值,定义 $R = \sigma_{\min}/\sigma_{\max}$ 为应力比。一般认为 $R = -1$ 时测得的材料 $S\text{-}N$ 曲线为标准曲线,其余应力比下的 $S\text{-}N$ 曲线可以通过 Goodman 关系等考虑平均应力效应的经验公式得到。材料应力幅值与寿命之间的关系如图 5-12 所示,可以使用 Basquin 公式 $\sigma_a = \sigma_f'(2N_f)^b$ 表示, σ_f' 称为疲劳强度系数, b 为疲劳强度指数。

材料的疲劳试样设计和疲劳 $S\text{-}N$ 曲线的测试与数据分析方法可以参考国家标准 GB/T 3075—2008《金属材料　疲劳试验　轴向力控制方法》和 GB/T 24176—2009《金属材料　疲劳试验　数据统计方案与分析方法》。

本实验拟采用一种简单的疲劳试验方法。实验使用 7 根试样,1 根试样通过机测实验确定材料的抗拉强度和屈服强度,其余 6 根试样进行疲劳试验,应力比为 -1,应力峰值分别指定为材料屈服强度的 0.85、0.8、0.75、0.7、0.65、0.6 倍进行疲劳试验。绘制如图 5-12 所示的 $S\text{-}N$ 曲线。

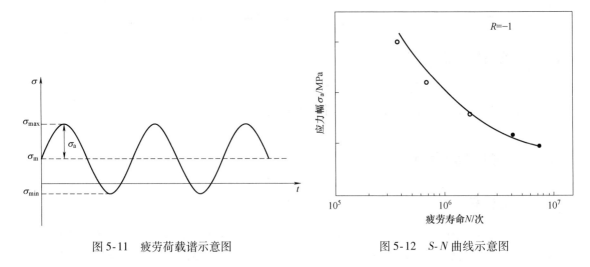

图 5-11　疲劳荷载谱示意图　　　　　　图 5-12　S-N 曲线示意图

5.4.5　实验步骤

1. 在教师的指导下了解疲劳试验机的基本工作原理、操作与注意事项。
2. 观察试样表面是否有明显缺陷，并对试样进行编号。
3. 使用游标卡尺测试试样的截面尺寸，根据施加的应力情况计算疲劳荷载。
4. 进行疲劳试验，实验结束后观察疲劳裂纹位置，并记录荷载工况与疲劳寿命。
5. 使用数据处理软件绘制 S-N 曲线，并拟合公式。

5.4.6　实验结果处理

表 5-1　实验数据记录（应力比 −1）

编号	应力峰值	应力谷值	应力幅值	疲劳寿命

5.4.7　预习思考题

1. 相同载荷下，材料疲劳寿命出现较大的离散性是否正常？为什么？
2. 通过调研了解，材料的疲劳极限是否存在？

5.5　梁弯曲截面内力要素测定实验

5.5.1　实验概述

梁的截面内力（剪力和弯矩）理论上是无法直接测得的，学生通过理论计算建立平衡方程可以求解梁的内力图，但是往往无法通过实验进行验证。本实验将梁体截断，通过支撑设计保证梁体的连续性，在截面上布置传感器，测试该截面上的剪力和内力分布。通过本实验可以使学生获得对弯曲内力基本理论的感性认识及进行理论层面的验证。

实验中所用的实验台（包括构件、辅助配件与装置等）、测量设备均为购置的专用成套实验配置。

5.5.2　实验目的

1. 了解梁截面内力测试的基本原理。
2. 通过加载工况的设计，了解梁截面内力与外力大小和分布之间的关系。
3. 将实验结果与理论计算结果比较，验证理论的正确性。

5.5.3　实验仪器与设备

STR 剪力或弯矩测试实验台、数字力显示器。

5.5.4　实验原理

实验中由数字力显示器（图 5-13）测量并显示出实验力，从而得出施加荷载位置处相应的剪力和弯矩。数字力显示器通过一根导线连接测试架上的实验设备，导线两端各有一个四路迷你 DIN 插头。将导线一端连接到数字力显示器上标有"力的输入"的 4 个插槽之一，另一端连接测试架设备上标有"力的输出"的插槽。所有 4 个频道可以同时连接。

要显示一个力的读数，需将显示器前面板的控制器调向想要读取的力的输入插槽的号码。力的显示器会根据当前实验中传感器的类型（压电式或载环式）自动显示一个 0 ~ 20N 或 0 ~ 500N 的量程。要将自动数据采集器（图 5-14）与数字力显示器一起使用，需用到自动数据采集器配备的六路迷你 DIN 导线。将导线连接数字力显示器上的"ADA 输出"插槽和自动数据采集器上的"力的输入"插槽。

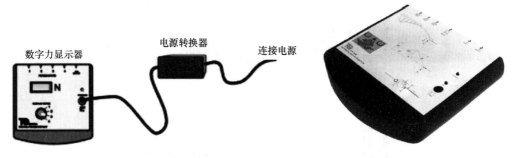

图 5-13　数字力显示器　　　　　图 5-14　STR2000 数据采集系统

图 5-15 给出了 STR 剪力测试实验台的结构示意图，其中剪力测试装置详情见图 5-16，它由一个被切断的横梁构成。为了保证梁体的连续性，设计了一个机构（只允许在剪力方向上运动）将剪切作用桥接在荷载单元（力传感器）上，从而抵消（并测量）剪力，剪力值可直接通过数字显示器得到。

图 5-17 给出了 STR 弯矩测试实验台的结构示意图，其中弯矩测试装置见图 5-18。类似于剪力测试装置，将梁体切开，使用一个力臂桥（力臂长度为 a）保证梁体的连续性，在力

臂端部布置力传感器。传感器测得的力 F 乘以力臂 a 便得到了切开截面上的弯矩。

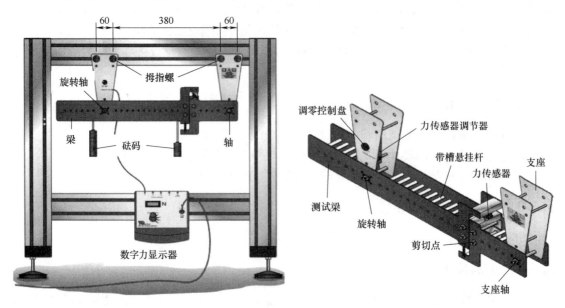

图 5-15 STR 剪力测试实验台   图 5-16 剪力测试装置

为了研究外力大小及施加的位置与分布对截面剪力和弯矩的影响，实验采用砝码进行加载，如图 5-15 和图 5-17 所示，砝码挂钩示意图如图 5-19 所示。实验总计提供 150 个 10g 重的质量块和 5 个 10g 重的挂钩。因此可以施加任意重量的荷载，以 10g 为增量，最多可达到 500g。另外，一个挂钩可以制成 100g、200g、300g、400g 或 500g。

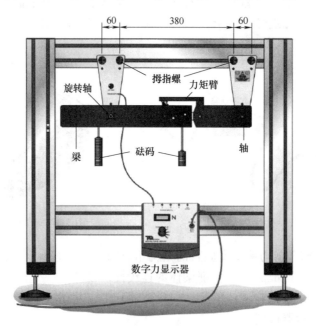

图 5-17 STR 弯矩测试实验台

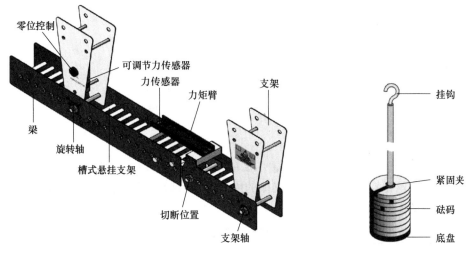

图 5-18 弯矩测试装置 图 5-19 砝码挂钩示意图

学生可任意选定位置施加不同等级的荷载，分析荷载大小与截面内力之间的关系；也可选取不同的位置施加组合荷载，分析其对截面内力的影响。具体加载方式如图 5-20 和图 5-21 所示。

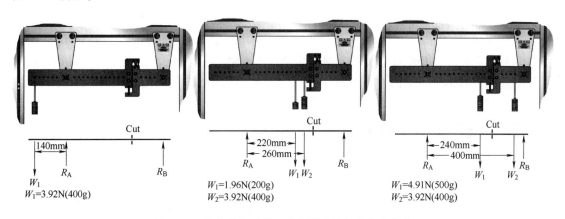

图 5-20 荷载分布对截面剪力影响的加载参考方案

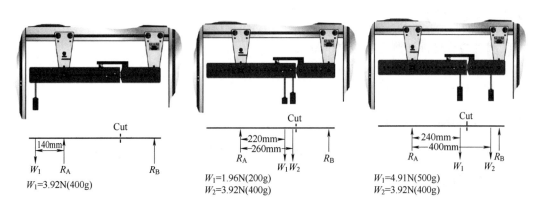

图 5-21 荷载分布对截面弯矩影响的加载参考方案

5.5.5 实验步骤

1. 熟悉实验台并了解截面剪力和弯矩装置的原理。
2. 设计加载位置，研究荷载大小对截面剪力和弯矩的影响。
3. 设计荷载分布加载方案，研究其对截面剪力和弯矩的影响。
4. 计算以上加载工况下的剪力和弯矩结果，并与实验结果进行比较。

5.5.6 实验结果处理

学生根据工况设计数据记录表格，如表 5-2 所示，表格应反映出理论值和实验值的差异。在实验报告中应给出在设计工况下的梁体的内力图。最后通过数据分析得到设计工况对截面内力测试结果的影响规律。

表 5-2　实验数据记录

工况	W_1/N	W_2/N	实验剪力/弯矩 /(N/N·m)	R_A/N	R_B/N	理论值
工况 1						
工况 2						
工况 3						

5.5.7 预习思考题

1. 在实验之前请预先设计加载工况及实验基本方案。
2. 根据本实验提供的内力测试原理，拓展思维，设计出其他形式的内力测试装置。

5.6 / 应力集中系数测定实验

5.6.1 实验概述

在构件的截面突变位置会产生应力集中现象，使得其承受荷载（包括静荷载和疲劳荷载）的能力急剧下降。测定应力集中系数，可以有效评价构件的安全性。

5.6.2 实验目的

1. 使用应变电测法测定应力集中系数。
2. 了解不同缺口形状和尺寸对应力集中系数的影响。
3. 测定材料的弹性模量。

5.6.3 实验仪器与设备

电子万能试验机、DH3818 静态应变仪、应变片、贴片工具、游标卡尺。

5.6.4 实验原理

带孔平板应力分布如图 5-22 所示，应力集中的定义为 $K = \sigma_{max}/\sigma_0$，其中 σ_{max} 为孔边最大应力，σ_0 为名义应力，该名义应力可定义为缺口净截面上的应力（也称为净截面应力）和无缺口时截面上的应力（也称为毛截面应力），在本实验中拟采用毛截面应力。

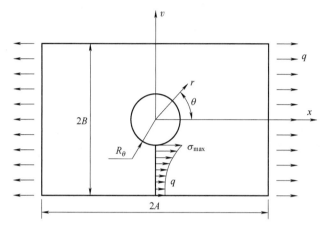

图 5-22　带孔平板应力集中示意图

为了考虑缺口形状和尺寸对应力集中系数的影响，实验拟采用的试样如图 5-23 所示。试样材料为钢材，名义屈服应力为 235MPa，弹性模量在 200GPa 左右，具体的弹性模量数值需要在试验过程中确定。

在图 5-23 中，共有 4 个缺口，分别为 1 个方孔和 3 个不同尺寸的圆孔，试样与缺口尺寸需要使用游标卡尺自行测定。实验总共布置了 8 个应变测点，为了考虑方孔直角位置的应力状态，布置了直角应变花（编号 $1^{\#} \sim 3^{\#}$）。使用测点 $8^{\#}$，根据弹性模量测试所用的逐级加载方法测定弹性模量。

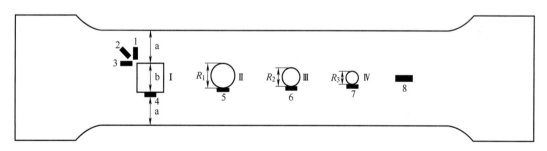

图 5-23　试样与测点布置示意图

5.6.5　实验步骤

1. 使用游标卡尺测试试样尺寸和缺口尺寸。

2. 将应变片的导线接入应变仪中，调试清零。

3. 将试样加持在电子万能试验机中，缓慢预加载，使用弹性模量 200GPa 计算各测点应力，以材料屈服应力的 80% 确定最大荷载。确定荷载等级后，分四级进行逐级加载。

4. 加载记录实验数据，撰写实验分析报告。

5.6.6 实验结果处理

学生参考弯扭组合电测实验报告自行设计数据记录表格，测试材料的真实弹性模量，分析不同缺口形状和缺口尺寸的应力集中系数的特点，得出方孔应力分布特点的结论。

5.6.7 预习思考题

1. 应变片的标距尺寸种类较多，并且认为应变片的输出结果是应变片覆盖范围内的均值，请问在测试应力集中系数时该如何选择应变片的标距？

2. 根据圣维南原理，应力集中系数的影响范围有限，请设计实验方案，在图 5-23 所示的试样中通过布置适当的应变测点检验各缺陷之间是否构成相互影响。

第 **6** 章 创新型实验

材料力学实验教学中，在掌握一定基础型、综合型实验能力和技能的基础上，依据实验室条件和实验开展实际情况，设计并开设具有个性化、创新性、特色性的实验项目，是目前较为提倡的做法。这类实验项目尚无具体化的实验要求，具有很大的实验自主性，主要以更好地实现理论与实践相结合、培养能力、训练技能为目标，多作为选择性实验教学内容。

本章仅以应变量测的技术应用，突出材料构件的力学参数表现特征，介绍三个个性化创新型实验：应变式力传感器设计实验、应变式位移计设计实验、简支梁模型强度和刚度检验实验。

6.1 应变式力传感器设计实验

6.1.1 实验概述

力传感器是将力转换为电信号的器件，常用的力传感器有应变式和压电式两种。本实验通过弹性敏感元件的设计与制作，采用应变测试技术实现力值的较为精确测量。

6.1.2 实验目的

1. 掌握应变测试技术的应用，进一步进行贴片与组桥训练。
2. 了解力传感器的设计原理。

6.1.3 实验仪器与设备

电子万能试验机、静态应变仪、应变片、贴片工具和弹性元件。

6.1.4 实验原理

应变式力传感器设计原理如图 6-1 所示，将力施加到弹性敏感元件上使其发生变形，使用应变片和采集单元将变形量化为应变值。由于弹性元件处于弹性工作状态，因此力与测得的应变满足线性关系。在标定这一关系的情况下，便可使用该传感器测试力。

图 6-1 应变式力传感器设计原理图

本实验拟使用的传感器结构如图 6-2 所示，材质为普通钢材，弹性敏感元件必须具有足够的弹性变形能力，使用的应变片最好具有较大的量程。为了放大输出的应变信号，通常布置 4 个应变片，使得它们的应变输出信号的符号相反，接入全桥，例如图 6-2 中 1#和 4#测点应变输出为正，2#和 3#测点的应变输出为负。

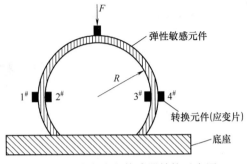

图 6-2　应变式力传感器结构示意图

6.1.5　实验步骤

1. 在给定测点上粘贴应变片，将 1#测点接入应变仪半桥模式，并自行设计补偿片粘贴位置。

2. 将传感器安放在电子万能试验机压缩空间中进行压缩。

3. 通过 1#测点的应变输出，预采取弹性模量 200GPa 计算测点应力，以预设材料屈服强度（300MPa）的 80%为上限，确定传感器的最大量程。

4. 将 1#~4#测点应变片接入应变仪全桥模式。

5. 使用电子万能试验机加载到确定的最大量程。

6. 通过数据拟合方法确定标定系数。

6.1.6　实验结果处理

学生根据实验过程自行设计数据记录表格，自行进行测量和数据分析，数据处理可采用逐级加载法或使用数据处理软件进行最小二乘法拟合。

6.1.7　预习思考题

1. 通常希望传感器的弹性元件在待测力的作用下有较大的应变输出（即产生可观的变形量）来保证测试的精度，但同时也希望它有足够的承载能力来保证测试量程，同学们是否可以根据自己所学知识，设计出更加优化的弹性元件结构？

2. 能否根据本实验所学知识，设计出扭矩测量传感器？

6.2 / 应变式位移计设计实验

6.2.1　实验概述

位移（变形）的测量是结构刚度校核的重要检测手段。位移测量可以有非接触式和接触式两种方法。全站仪、水准仪和光电挠度仪为常用的非接触测量仪器，百分表、位移计和引伸计是常用的接触式测量仪器。本实验延续 6.1 节的设计原理思路进行应变片式位移计的设计。

6.2.2　实验目的

1. 掌握应变测试技术的应用，进一步进行贴片与组桥训练。

2. 了解应变式位移计的设计原理。

6.2.3　实验仪器与设备

引伸计标定器、静态应变仪、应变片、贴片工具和弹性元件。

6.2.4　实验原理

应变式位移计的设计原理类似于力传感器设计，如图 6-3 所示，可参考 6.1 节的实验原理进行理解。

图 6-3　应变式位移计设计原理

实验所采用的位移计结构为悬臂梁，如图 6-4 所示。在悬臂梁端部产生位移时，其根部发生显著变形，使用应变片将变形量转化为应变电信号。为了放大应变信号输出，在悬臂梁根部布置了 4 个测点，如图 6-4 所示，其中测点 $1^{\#}$、$3^{\#}$ 与测点 $2^{\#}$ 和 $4^{\#}$ 的应变输出符号相反，将这 4 个应变片组成全桥接入应变仪。

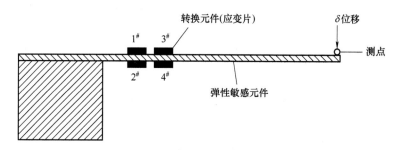

图 6-4　应变式位移计结构示意图

使用引伸计标定器对设计的位移计施加位移 δ，四个应变片组成的全桥输出信号为 $\varepsilon_{\text{total}}$，由于悬臂梁在弹性范围内发生变形，因此 $\delta = K\varepsilon_{\text{total}}$，$K$ 为标定系数。

6.2.5　实验步骤

1. 在给定测点上粘贴应变片，将 $1^{\#}$~$4^{\#}$ 测点应变片接入应变仪全桥模式。

2. 使用引伸计标定器在图 6-4 所示测点位置逐级施加到 6mm 位移，在加载过程中依次读取应变仪读数。

3. 通过数据拟合方法确定标定系数。

6.2.6　实验结果处理

学生根据实验过程自行设计数据记录表格，自行进行测量和数据分析，数据处理可采用逐级加载法或使用数据处理软件进行最小二乘法拟合。

6.2.7　预习思考题

1. 在位移计标定时，对测点位置施加相应的位移，如果在使用该位移计时将测点位置改变，那么既有标定的系数还能不能使用？

2. 在标定位移计时，悬臂梁是否需要严格的水平放置，在使用的过程中是否也需要如此要求？

3. 本实验所使用的弹性元件结构是悬臂梁，使用起来有诸多不便，同学们能否根据所学原理，设计出更加方便于使用的位移计？

6.3 简支梁模型刚度和强度校核实验

6.3.1 实验概述

在工程结构的力学检测与试验过程中，其测试原理可通过图 6-5 简单描述。通过力学类传感器（应变片、加速度传感器、速度传感器、位移传感器、位移传感器等）结合相应的仪器设备对实验对象进行检测并采集数据，最后通过数据分析给出安全性判断、评估和建议等。

在学习材料力学时，结构的强度、刚度和稳定性是三大主要考核指标。强度考核主要是测试应力是否满足设计要求，主要采用应变测试方法；刚度考核主要是接头发生的变形是否满足要求，主要采用变形测量手段。本实验采用工程简支梁模型作为实验对象，在设计荷载下对其强度和刚度进行校核。

本实验还推荐和建议采用应变式位移计（见 6.2）进行实验中相关的挠度量测，更加体现该实验的自主设计性和创新性。

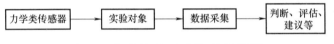

图 6-5　力学检测与试验测试原理框图

6.3.2 实验目的

1. 了解结构检测的基本步骤。
2. 通过工程结构模型实验设计培养实验综合能力与一定专业性技能。

6.3.3 实验仪器与设备

自制位移计、应变片、应变仪、贴片工具、砝码。

6.3.4 实验原理

实验所用模型桥是由 3 条长 5m、宽 150mm、厚 5mm 的钢板焊接而成的，模型两端采用简支约束，如图 6-6 和图 6-7 所示。钢板的弹性模量为 200GPa，模型的设计荷载如图 6-8 所示。

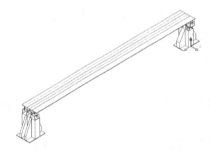

图 6-6　简支梁模型示意与实物图

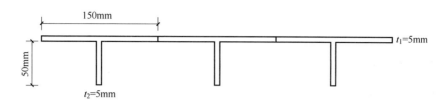

图 6-7　模型截面示意图

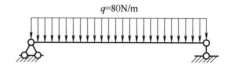

图 6-8　模型设计荷载示意图

在进行校核实验时，应先确定该简支梁的最危险截面，即最大应力和最大位移截面，以便布置相应的测点。根据材料力学所学知识，可以判断跨中截面的应力和挠度最大，且该截面的位移和应力均由截面弯矩控制。因此，为了方便现场加载，可在跨中施加集中荷载，模拟图 6-8 均布荷载下的跨中弯矩。

集中荷载设计方法：以跨中最不利弯矩为控制准则，即跨中施加集中力所产生的跨中弯矩在设计弯矩的 0.95～1.05 倍范围内。实验加载效率 η_q 为

$$0.95 \leq \eta_q = \frac{S_j}{S} \leq 1.05$$

式中，S_j 为试验荷载作用下控制截面内力计算值，本实验为跨中弯矩 M_j；S 为设计控制荷载作用下控制截面最不利内力计算值，本实验为跨中弯矩 M_s。

测试结果分析与结构强度与刚度检验评价：

1）通过理论计算或者数值模拟确定试验荷载作用下跨中挠度和应力的计算值 f_j 和 σ_j。

2）通过试验测试测得试验荷载作用下跨中挠度测试值 f_c 和 σ_c。

3）判断结构刚度检验系数 f_c/f_j 和 σ_c/σ_j 是否小于或等于 1。如果小于或等于 1，表明结构刚度满足设计要求；如果大于 1，则表明结构刚度不满足设计要求。

4）判断结构在加载过程中是否处于弹性工作状态：即首先判断加载过程中的荷载和应力（挠度）曲线是否是线性的，如果是，则可初步判断为弹性工作状态；另外还可附加观察卸载后的挠度残余量是否小于加载状态下挠度的 20%，如是也可判定结构处于弹性工作状态。

6.3.5　实验步骤

1. 计算拟施加的跨中集中荷载。

2. 计算在最大设计荷载下跨中截面的应力分布和挠度。

3. 确定应力和挠度测点的位置，并布置应变片和自制位移计，自制位移计的标定系数需现场标定。

4. 分级施加试验荷载，并读取数据。

5. 卸载并读取回零数据。

6. 处理数据，根据评价准则判断模型的强度和刚度是否满足要求。

7. 根据数据分析判断模型在加载过程中，材料是否处于弹性状态。

6.3.6 实验结果处理

学生根据实验过程自行设计数据记录表格，最后形成实验报告。

6.3.7 预习思考题

1. 根据本节的实验描述，初步设计实验过程，完成相应的计算和测点确定工作。

2. 在加载过程中，为什么常采用逐级加载，而不一次加到最终荷载？

实验一 低碳钢和灰铸铁的拉伸实验报告

班级： 学号： 姓名： 指导教师： 日期：

一、实验目的

二、实验仪器及材料

三、实验原理及实验步骤

四、数据记录及实验报告

1. 拉伸实验原始数据记录

低 碳 钢		铸 铁
$d =$　　mm ，$d_1 =$　　mm		$d =$　　mm
$L =$　　mm ，$L_1 =$　　mm		
$F_{屈服} =$　　kN，$F_{强度} =$　　kN		$F_{强度} =$　　kN

2. 低碳钢和铸铁拉伸实验报告

	低 碳 钢		铸 铁	
原始数据	$d =$　　mm ，$d_1 =$　　mm		$d =$　　mm	
	$L =$　　mm ，$L_1 =$　　mm			
	$F_{屈服} =$　　kN ，$F_{强度} =$　　kN		$F_{强度} =$　　kN	
实验资料整理结果	$A =$　　mm^2		$A =$　　mm^2	
	$\sigma_s =$　　MPa，$\sigma_b =$　　MPa		$\sigma_b =$　　MPa	
	$\delta =$　　% ，$\psi =$　　%			
	试样形状	实验前	试样形状	实验前
		实验后		实验后
	F-ΔL 曲线		F-ΔL 曲线	

五、思考题

1. 试比较低碳钢和铸铁拉伸时的力学性能。

2. 低碳钢和铸铁在拉伸过程中，各要测得哪些数据？观察哪些现象？

实验二 / 低碳钢和灰铸铁的压缩实验报告

班级：　　　　学号：　　　　姓名：　　　　指导教师：　　　　日期：

一、实验目的

二、实验仪器及材料

三、实验原理及实验步骤

四、数据记录及实验报告

1. 压缩实验原始数据记录

低 碳 钢	铸 铁
$d =$ mm	$d =$ mm
$F_{屈服} =$ kN	$F_{强度} =$ kN

2. 低碳钢和铸铁压缩实验报告

<table>
<tr><td rowspan="3">原始数据</td><td colspan="2">低 碳 钢</td><td colspan="2">铸 铁</td></tr>
<tr><td colspan="2">$d =$ mm</td><td colspan="2">$d =$ mm</td></tr>
<tr><td colspan="2">$F_{屈服} =$ kN</td><td colspan="2">$F_{强度} =$ kN</td></tr>
<tr><td rowspan="7">实验资料整理结果</td><td colspan="2">$A =$ mm^2</td><td colspan="2">$A =$ mm^2</td></tr>
<tr><td colspan="2">$\sigma_s =$ MPa</td><td colspan="2">$\sigma_b =$ MPa</td></tr>
<tr><td rowspan="2">试件形状</td><td>实验前</td><td rowspan="2">试件形状</td><td>实验前</td></tr>
<tr><td>实验后</td><td>实验后</td></tr>
<tr><td colspan="2">$F\text{-}\Delta L$ 曲线</td><td colspan="2">$F\text{-}\Delta L$ 曲线</td></tr>
</table>

五、思考题

低碳钢和铸铁在压缩过程中，各要测得哪些数据？观察哪些现象？

实验三 / 扭转实验报告

班级：　　　　学号：　　　　姓名：　　　　指导教师：　　　　日期：

一、实验目的

二、实验仪器及材料

三、实验原理及实验步骤

四、数据记录及实验报告

1. 低碳钢和灰铸铁扭转实验原始数据记录

低碳钢：$d =$ mm，$T_s =$ N·m，$T_b =$ N·m

铸铁：$d =$ mm，$T_b =$ N·m

2. 低碳钢和铸铁扭转实验报告

	$d =$ mm，$T_s =$ N·m，$\tau_s =$ MPa $T_b =$ N·m，$\tau_b =$ MPa	
低碳钢	试样破坏形状	T-φ 曲线图
	$d =$ mm，$T_b =$ N·m，$\tau_b =$ MPa	
灰铸铁	试样破坏形状	T-φ 曲线图

五、思考题

1. 低碳钢和铸铁在扭转破坏时有什么不同现象？断口有何不同？试分析其原因。

2. 实验中是怎样验证剪切胡克定律的？怎样测定和计算 G 值？

实验四 / 低碳钢拉伸时弹性模量 E 和泊松比 μ 的测定实验报告

班级：   学号：   姓名：   指导教师：   日期：

一、实验目的

二、实验仪器及材料

三、实验原理及实验步骤

四、数据记录及实验报告

1. 原始数据记录

试件截面尺寸：宽度 $a =$ mm，厚度 $b =$ mm

荷载 F/N	纵向应变增量						横向应变增量					
	第一次		第二次		第三次		第一次		第二次		第三次	
	读数	读数差	读数	读数差	读数	读数差	读数	读数差	读数	读数差	读数	读数差
平均读数差（逐差法）												
转换系数	$K_纵 =$						$K_横 =$					

2. 低碳钢拉伸时弹性模量 E 和泊松比 μ 的测定实验报告

荷载 F/N	纵向应变增量		横向应变增量	
	读数/10^{-6}	读数差/10^{-6}	读数/10^{-6}	读数差/10^{-6}
平均读数差				
转换系数	$K_纵 =$		$K_横 =$	
应变增量	$\Delta\varepsilon_纵 = K_纵 \cdot \Delta\varepsilon_{纵平} \times 10^{-6} =$		$\Delta\varepsilon_横 = K_横 \cdot \Delta\varepsilon_{横平} \times 10^{-6} =$	
计算	$E = \dfrac{\Delta F}{\Delta\varepsilon_纵 A} =$		$\mu = \left\| \dfrac{\Delta\varepsilon_横}{\Delta\varepsilon_纵} \right\| =$	

试件截面面积：$10\text{mm} \times 10\text{mm}$

$$E = (1.96 \sim 2.06) \times 10^5 \text{MPa}$$

$$\mu = 0.24 \sim 0.28$$

五、思考题

1. 测定 E 值时，最大荷载如何确定？为什么不能超过比例极限？

2. 电阻应变仪是以什么原理制造的？专门用来测试何种参量？能否直接测得"应力"？

实验五 / 矩形梁纯弯曲时横截面正应力电测实验报告

班级：　　　　学号：　　　　姓名：　　　　指导教师：　　　　日期：

一、实验目的

二、实验仪器及材料

三、实验原理及实验步骤

四、数据记录及实验报告

1. 实验原始数据记录

试样高度：$h =$ _____ mm，试样宽度：$b =$ _____ mm

弹性模量：$E = 2.00 \times 10^5 \text{MPa}$

荷载 F/N	测点 1		测点 2		测点 3	
	读数	读数差	读数	读数差	读数	读数差
平均读数差/10^{-6}（逐差法）						

荷载 F/N	测点 4		测点 5			
	读数	读数差	读数	读数差		
平均读数差/10^{-6}（逐差法）						

2. 矩形梁纯弯曲时横截面正应力电测实验报告

试样高度：$h =$ mm   试样宽度：$b =$ mm

弹性模量：$E = 2.00 \times 10^5 \text{MPa}$

荷载 F/N	测点 1		测点 2		测点 3		测点 4		测点 5	
	读数	读数差	读数	读数差	读数	读数差	读数	读数差	读数	读数差
平均应变增量 $\Delta\varepsilon_{实}/10^{-6}$（逐差法）										
应力增量 $\Delta\sigma_{实}/\text{MPa}$										
测点坐标 y/mm										

弯矩增量 $\Delta M = \dfrac{1}{2}\Delta F \times 125$ 惯性矩 $I_z =$

$\Delta\sigma_{理}/\text{MPa}$					
相对误差 δ（%）					
横截面上正应力变化图					

五、思考题

1. 影响实验结果准确性的主要因素是什么？

2. 在中性层上理论计算应变值 $\varepsilon_{理} = 0$，而实际测量 $\varepsilon_{实} \neq 0$，这是为什么？

实验六 / 金属材料剪切模量测试实验报告

班级：　　　　学号：　　　　姓名：　　　　指导教师：　　　　日期：

一、实验目的

二、实验仪器及材料

三、实验原理及实验步骤

四、数据记录及实验报告

1. 试件相关参考数据

圆筒的尺寸和有关参数

计算长度 $L = 300\text{mm}$	弹性模量 $E = 206\text{GPa}$
外径 $D = 40\text{mm}$	泊松比 $\mu = 0.26$
内径 $d = 32\text{mm}$（钢）/34mm（铝）	剪切模量 $G = 79.4\text{GPa}$
扇臂长度 $a = 248\text{mm}$	弹性模量 $E = 70\text{GPa}$
	泊松比 $\mu = 0.3$
	剪切模量 $G = 26\text{GPa}$

2. 剪应变

荷载/N	P						
	ΔP						
应变仪读数 $\mu\varepsilon$	切应变	ε_{p}					
		$\Delta\varepsilon_{\text{p}}$					
		$\overline{\Delta\varepsilon_{\text{p}}}$					

实测剪切模量值计算：

$$G = \frac{T}{W_{\text{T}}\varepsilon_{\text{r}}}$$

实验值与理论值比较

比较内容	实验值	理论值	相对误差（%）
G/MPa			

五、思考题

本实验采用半桥邻臂接线法，能否采用其他接桥方式？

实验七 / 应变片灵敏系数标定实验报告

班级：　　　　学号：　　　　姓名：　　　　指导教师：　　　　日期：

一、实验目的

二、实验仪器及材料

三、实验原理及实验步骤

四、数据记录及实验报告

1. 试样相关参考数据

试样数据及有关参数	
等强度梁厚度	$h = 9.3\text{mm}$
三点挠度仪长度	$a = 200\text{mm}$
电阻应变仪灵敏系数（设置值）	$K_0 = 2.00$
弹性模量	$E = 206\text{GPa}$
泊松比	$\mu = 0.26$

2. 实验数据记录

荷载/N		P							
		ΔP							
应变仪读数 $\mu\varepsilon$	R_1	ε_p							
		$\Delta\varepsilon_\mathrm{p}$							
		$\overline{\Delta\varepsilon_\mathrm{p}}$							
	R_2	ε_p							
		$\Delta\varepsilon_\mathrm{p}$							
		$\overline{\Delta\varepsilon_\mathrm{p}}$							
	R_3	ε_p							
		$\Delta\varepsilon_\mathrm{p}$							
		$\overline{\Delta\varepsilon_\mathrm{p}}$							
	R_4	ε_p							
		$\Delta\varepsilon_\mathrm{p}$							
		$\overline{\Delta\varepsilon_\mathrm{p}}$							
挠度值		f							
		Δf							
		$\overline{\Delta f}$							

3. 计算

1）取应变仪读数应变增量的平均值，计算每个应变片的灵敏系数 K_i：

$$K_i = \frac{\Delta R/R}{\varepsilon} = \frac{K_0\varepsilon_\mathrm{d}}{hf}\left(\frac{a^2}{4} + f^2 + hf\right),\ i = 1,2,3,4$$

2）计算应变片的平均灵敏系数 K：

$$K = \frac{\sum K_i}{n}\quad i = 1,2,3,4; n = 4$$

3）计算应变片灵敏系数的标准差 S：

$$S = \sqrt{\frac{1}{n-1}\sum(K_i - K)^2},\ i = 1,2,3,4; n = 4$$

五、思考题

影响实验结果准确性的主要因素是什么？

实验八 / 薄壁圆管弯扭组合电测实验报告

班级：　　　　学号：　　　　姓名：　　　　指导教师：　　　　日期：

一、实验目的

二、实验仪器及材料

三、实验原理及实验步骤

四、数据记录及实验报告

1. 弯扭组合作用下电测实验原始数据记录

试样外径：$D =$ ____ mm　　试样内径：$d =$ ____ mm

弯曲力臂：$b =$ ____ mm　　扭转力臂：$a =$ ____ mm

材料弹性模量：$E = 70\text{GPa}$　　材料泊松比：$\mu = 0.31$

荷载 F/N	测点 A						测点 B						测点 C					
	$-45°$		$0°$		$+45°$		$-45°$		$0°$		$+45°$		$-45°$		$0°$		$+45°$	
	读数	增量	读数	增量	读数	增量	读数	增量	读数	增量	读数	增量	读数	增量	读数	增量	读数	增量
平均增量																		

2. 弯扭组合作用下电测实验报告

荷载 F/N	试样外径 $D =$ mm						试样内径 $d =$ mm						弹性模量 $E =$ MPa					
	扭转力臂 $a =$ mm						弯曲力臂 $b =$ mm						泊松比 $\mu =$					
	测点 A						测点 B						测点 C					
	$-45°$		$0°$		$+45°$		$-45°$		$0°$		$+45°$		$-45°$		$0°$		$+45°$	
	读数	增量	读数	增量	读数	增量	读数	增量	读数	增量	读数	增量	读数	增量	读数	增量	读数	增量
平均增量																		
应力分量 /MPa	$\sigma_x = \sigma_{-45°} =$ $\sigma_y = \sigma_{+45°} =$ $\tau_x = \tau_{-45°} =$						$\sigma_x = \sigma_{-45°} =$ $\sigma_y = \sigma_{+45°} =$ $\tau_x = \tau_{-45°} =$						$\sigma_x = \sigma_{-45°} =$ $\sigma_y = \sigma_{+45°} =$ $\tau_x = \tau_{-45°} =$					
主应力 /MPa	$\sigma_1 =$ $\sigma_2 =$ $\sigma_3 =$						$\sigma_1 =$ $\sigma_2 =$ $\sigma_3 =$						$\sigma_1 =$ $\sigma_2 =$ $\sigma_3 =$					
主应力的理论值 /MPa	$\sigma_1 =$ $\sigma_2 =$ $\sigma_3 =$						$\sigma_1 =$ $\sigma_2 =$ $\sigma_3 =$						$\sigma_1 =$ $\sigma_2 =$ $\sigma_3 =$					

五、思考题

1. 主应力测量时，直角应变花是否可以沿任意方向粘贴？为什么？

2. 电测实验中，采用半桥测量时，为什么要用温度补偿片？全桥测量时，为什么不用温补偿片？

实验九／压杆稳定性实验报告

班级：　　　　学号：　　　　姓名：　　　　指导教师：　　　　日期：

一、实验目的

二、实验仪器及材料

三、实验原理及实验步骤

四、数据记录及实验报告

组合模式	长度系数 μ	试件长度 L/mm	E/GPa	I_z	理论临界力 F_{cr}/N	实测承载力 F_{ir}/N	误差	F-ΔL 曲线图

五、思考题

在图 5-8 所示 F-ΔL 曲线的可能形态中，两种平衡状态的性质有何不同？如何解释平衡状态"跳跃"的机理？为何有时却又没有出现这种现象？

实验十 / 偏心拉伸实验报告

班级：　　　　学号：　　　　姓名：　　　　指导教师：　　　　日期：

一、实验目的

二、实验仪器及材料

三、实验原理及实验步骤

四、数据记录及实验报告

1. 记录试件相关参考数据

试　　件	厚度 h/mm	宽度 b/mm	横截面面积 $A_0 = bh/mm^2$
截面 I	4.8	30	
截面 II	4.8	30	
截面 III	4.8	30	
平均	4.8	30	

弹性模量 $E = 206 GPa$

泊松比 $\mu = 0.26$

偏心距 $e = 10mm$

2. 实验数据记录

荷载/N	P						
	ΔP						
应 变 仪 读 数 $\mu\varepsilon$	ε_1						
	$\Delta\varepsilon_1$						
	$\overline{\Delta\varepsilon_1}$						
	ε_2						
	$\Delta\varepsilon_2$						
	$\overline{\Delta\varepsilon_2}$						

3. 实验结果分析

1）弹性模量 E

$$\varepsilon_F = \frac{\varepsilon_1 + \varepsilon_2}{2} \quad E = \frac{\Delta P}{A_0 \varepsilon_F}$$

2）求偏心距 e

$$\varepsilon_M = \frac{\varepsilon_1 - \varepsilon_2}{2} \quad e = \frac{Ehb^2}{6\Delta P}\varepsilon_M$$

3）应力计算

理论值

$$\sigma = \frac{P}{A_0} \pm \frac{6M}{hb^2}$$

实验值

$$\sigma_{max} = E\varepsilon_1 \quad \sigma_{min} = E\varepsilon_2$$

五、思考题

1. 本实验还可以采用什么接桥方式？

2. 本实验方案中应力的实测值与理论值产生偏差的原因有哪些？

附　录

附录A 材料力学性能测试实验常用国家标准

GB/T 10623—2008	金属材料　力学性能试验术语
GB/T 24182—2009	金属材料力学性能试验　出版标准中的符号及定义
GB/T 228.1—2010	金属材料　拉伸试验　第1部分：室温试验方法
GB/T 228.2—2015	金属材料　拉伸试验　第2部分：高温试验方法
GB/T 13239—2006	金属材料　低温拉伸试验方法
GB/T 7314—2017	金属材料　室温压缩试验方法
HB 7571—1997	金属高温压缩试验方法
GB/T 10128—2007	金属材料　室温扭转试验方法
GB/T 239.1—2012	金属材料　线材　第1部分：单向扭转试验方法
GB/T 239.2—2012	金属材料　线材　第2部分：双向扭转试验方法
GB/T 22315—2008	金属材料　弹性模量和泊松比试验方法
YB/T 5349—2014	金属材料　弯曲力学性能试验方法
GB/T 232—2010	金属材料　弯曲试验方法
GB/T 235—2013	金属材料　薄板和薄带　反复弯曲试验方法
GB/T 238—2013	金属材料　线材　反复弯曲试验方法
GB/T 244—2008	金属管　弯曲试验方法
GB/T 3075—2008	金属材料　疲劳试验　轴向力控制方法
GB/T 4337—2015	金属材料　疲劳试验　旋转弯曲方法
GB/T 6398—2000	金属材料　疲劳裂纹扩展速率试验方法
GB/T 4161—2007	金属材料　平面应变断裂韧度 KIC 试验方法
GB/T 7732—2008	金属材料　表面裂纹拉伸试样断裂韧度试验方法
GB/T 229—2007	金属材料　夏比摆锤冲击试验方法
GB/T 5027—2016	金属材料　薄板和薄带　塑性应变比（r值）的测定
GB/T 5028—2008	金属材料　薄板和薄带　拉伸应变硬化指数（n值）的测定
GB/T 2651—2008	焊接接头拉伸试验方法
GB/T 2653—2008	焊接接头弯曲试验方法
GB/T 8358—2006	钢丝绳破断拉伸试验方法
GB/T 10120—2013	金属材料　拉伸应力松弛试验方法
GB/T 6400—2007	金属材料　线材和铆钉剪切试验方法
GB/T 12444—2006	金属材料　磨损试验方法　试环-试块滑动磨损试验

（续）

GB/T 242—2007	金属管 扩口试验方法
GB/T 245—2008	金属管 卷边试验方法
GB/T 246—2007	金属管 压扁试验方法
GB/T 230.1—2009	金属材料 洛氏硬度试验 第1部分：试验方法（A、B、C、D、E、F、G、H、K、N、T标尺）
GB/T 230.2—2012	金属材料 洛氏硬度试验 第2部分：硬度计（A、B、C、D、E、F、G、H、K、N、T标尺）的检验与校准
GB/T 230.3—2012	金属材料 洛氏硬度试验 第3部分：标准硬度块（A、B、C、D、E、F、G、H、K、N、T标尺）的标定
GB/T 231.1—2009	金属材料 布氏硬度试验 第1部分：试验方法
GB/T 231.2—2012	金属材料 布氏硬度试验 第2部分：硬度计的检验与校准
GB/T 231.3—2012	金属材料 布氏硬度试验 第3部分：标准硬度块的标定
GB/T 231.4—2009	金属材料 布氏硬度试验 第4部分：硬度值表
GB/T 4340.1—2009	金属材料 维氏硬度试验 第1部分：试验方法
GB/T 4340.2—2012	金属材料 维氏硬度试验 第2部分：硬度计的检验与校准
GB/T 4340.3—2012	金属材料 维氏硬度试验 第3部分：标准硬度块的标定

附录 B　材料力学主要性能符号表

性能名称	符　号	性能名称	符　号
长度	L	力增量	ΔF
高度	h、H	应变增量	$\Delta \varepsilon$
半径	r、R	电压变化	ΔU
直径	d、D	B、D 间电压	U_{DB}
面积	A	电阻变化	ΔR
阻值	R	临界压力	F_{cr}
电阻率	ρ	偏心距	e
比例极限	σ_p	轴力引起的应变	ε_F
弹性极限	σ_e	弯矩引起的应变	ε_M
屈服极限	σ_s	温度引起的应变	ε_t
抗拉强度	σ_b	应变仪读数	ε_d
断面延伸率	δ	应变片灵敏系数	K
断面收缩率	ψ	应变仪灵敏系数	K_0
分布荷载	q	弯矩	M
剪切屈服极限	τ_s	扭矩	T
剪切强度极限	τ_b	抗扭截面系数	W_T
弹性模量	E	对中性轴 z 惯性矩	I_z
泊松比	ν	剪应变	γ
剪切模量	G	切应力	τ
扭转角	φ	最大压缩力	F_{bc}

[1] 付朝华，胡德贵，蒋小林. 材料力学实验 [M]. 北京：清华大学出版社，2010.

[2] 邓小青. 工程力学实验 [M]. 2 版. 上海：上海交通大学出版社，2006.

[3] 范钦珊，王杏根，陈巨兵，等. 工程力学实验 [M]. 北京：高等教育出版社，2006.

[4] 刘鸿文. 材料力学 [M]. 4 版. 北京：高等教育出版社，2004.

[5] 刘鸿文，吕荣坤. 材料力学实验 [M]. 3 版. 北京：高等教育出版社，2006.

[6] 计欣华，邓宗白，鲁阳. 工程力学实验 [M]. 北京：机械工业出版社，2005.

[7] 聂毓琴，吴宏. 材料力学实验与课程设计 [M]. 北京：机械工业出版社，2006.

[8] 高建和，赵晴，周美英. 工程力学实验 [M]. 北京：机械工业出版社，2013.

[9] 王杏根，胡鹏，李誉. 工程力学实验 [M]. 武汉：华中科技大学出版社，2008.

[10] 邹广平，隋允康. 材料力学实验基础 [M]. 哈尔滨：哈尔滨工程大学出版社，2018.